MOTOR LEGENDEN

Siegfried Tesche

MOVIE CARS II

Abgefahren – Abgehoben – Abgetaucht

Motor buch Verlag

Einbandgestaltung: Sven Rauert unter Verwendung von Motiven von Getty Images, Mauritius Images und Imago Images

Bildnachweise auf Seite 191

ISBN: 978-3-613-04781-5

1. Auflage 2025

Sie finden uns im Internet unter www.motorbuch-verlag.de

Lektorat/Redaktion: Bernd Keidel
Innengestaltung: Sven Rauert
Druck und Bindung:
Graspo CZ, 763 02 Zlín
Printed in Czech Republic

Kniefall vor einem seltenen Fahrzeug: Autor Siegfried Tesche neben einem von nur 8583 jemals gebauten DeLorean DMC-12.

»IF YOU DON'T MOVE, YOU FREEZE.« – VORWORT

»Sag niemals ›nein‹ zu Abenteuern. Sag immer ›ja‹. Anderenfalls lebt ihr ein sehr langweiliges Leben.«
Diese drei Sätze stammen von Caractacus Pott. Der Erfinder von »Chitty Chitty Bang Bang« im gleichnamigen Film sagt sie zu seinen beiden Kindern. Die Zeilen passen sehr gut zu diesem zweiten Teil meiner »Movie Cars«-Buchreihe. Dieser Band widmet sich erneut diversen berühmt gewordenen Filmfahrzeugen. Ein besonderer Schwerpunkt liegt diesmal auf fantastischen Vehikeln. Dazu zählen das Ectomobile der »Ghostbusters« ebenso wie der DeLorean DMC-12 aus der »Zurück in die Zukunft«-Reihe. Außerdem richte ich wiederum den Fokus auf

einige Stars, die im Laufe ihrer Filmkarriere eine Leidenschaft für Automobile oder gar Autorennen entwickelt haben. Dazu zählt ein weiterer Blick auf die Dreharbeiten des Films »Gesprengte Ketten«, die Steve McQueen, James Garner und James Coburn 1962 zusammen vor die Kamera gebracht hatten. Dort stellten die drei ihre gemeinsamen automobilen Interessen fest. Den beiden Letztgenannten sind hier ausführliche Kapitel gewidmet. Es stellte sich im Laufe der Recherchen heraus, dass Garner Rennen fuhr und auch mehrere Rennställe finanzierte. Coburn dagegen fuhr auf öffentlichen Straßen gerne etwas schneller und besaß eine exquisite Kollektion von Ferraris – und nicht nur die: »If you don‘t move, you freeze«, war einer seiner hintergründigen Sätze, den man sowohl auf seine Schauspielkarriere als auch auf seine Leidenschaft für schnelle Sportwagen beziehen kann.

Zusätzlich werden zwei jüngere Stars unserer Zeit gewürdigt. Michael J. Fox kam in den 80er-Jahren zu Ruhm und frönte seiner Autoleidenschaft, bis ihn seine Parkinson-Erkrankung zurückwarf. Brad Pitt besitzt eine immens teure Fahrzeug-Sammlung, hat aber auch schon in einem Auto gewohnt. Er ist im Sommer 2025 mit dem Formel-1-Film »F1« in den Kinos und bei den Streaming-Diensten präsent. Es ist für mich der Anlass, das bereits in Band 1 begonnene Kapitel der Rennfahrerfilme mit einem Fokus auf die Formel 1 fortzusetzen. Zu einem späteren Zeitpunkt wird es auch noch um die Personen hinter den Rennboliden und Rennställen gehen – also um die Herren Ferrari, Lamborghini, DeLorean und weitere Autokonstrukteure und Tüftler wie etwa Professor Robert William Kearns. Ein Spielfilm über die Brüder Maserati ist gerade in Arbeit und soll 2026 in die Kinos kommen.

Was hat James Coburn außerdem mal so treffend gesagt:
»Schnell zu fahren ist wie meditieren, denn man muss immer sehr genau aufpassen. Es ist eine Form von Freiheit, aber man muss auch sehr präsent sein. Man kommt an seine Grenzen.«

In diesem Sinne, genießen Sie schnelle Rennen, schnelle Autos, aber auch die Fantasy-Vehikel von gestern und heute, denen es gelungen ist, die Vorstellungskraft der Menschen dank ihrer zum Teil verrückten Extras nicht nur ein kleines bisschen zu erweitern. Freuen Sie sich auf »Abgefahren, Abgehoben, Abgetaucht« und tauchen Sie ein, in diesen zweiten Band der »Movie Cars«.

»Wähle eine Arbeit, die du liebst, und du wirst nie auch nur einen Tag in deinem Leben arbeiten müssen.« – Konfuzius

Siegfried Tesche, im Herbst 2025

KAPITEL 1

»BOMBEN AUF RÄDERN«

TEXACO
GOODYEAR
CHAMPION
Marlboro
OMR
21
GOODYEAR
OMR

»BOMBEN AUF RÄDERN« – DIE FORMEL-1-FILME VON 1977 BIS HEUTE

BOBBY DEERFIELD (1977), RUSH – ALLES FÜR DEN SIEG (2013), F1 (2025)

In den 60er-Jahren ging nicht nur die Zeit der Aufprojektionen mit Rennfahrern, die vor Leinwänden agierten, zu Ende. Neue Aufnahmetechniken sorgten für Authentizität und Farbfilme für ein neues Kinoerlebnis. Klassiker wie »Grand Prix« (1966) und »Le Mans« (1971) entstanden. Sie wurden bereits im vorherigen Band »Movie Cars – Races, Stars und Stories« ausführlich gewürdigt.

Nur selten wurden in Rennfahrerfilmen die Dramen abseits der Strecken thematisiert. Das geschah etwa in dem englischen Thriller »Crash Drive« (1959). Darin geht es um einen Rennfahrer, der verunfallt und fortan von der Hüfte abwärts gelähmt ist, um seine Verarbeitung des Geschehens, Depressionen und seine Einstellung zum Leben. In »Bobby Deerfield« (1977) spielte Al Pacino die Hauptrolle des gleichnamigen Rennfahrers, der sich mit dem Tod eines Kollegen, einem weiteren verletzten Rennfahrer und der todkranken Lilian (Marthe Keller) auseinandersetzen muss. Auf der einen Seite verliebt er sich in sie und zweifelt an seinem Sport, gleichzeitig aber fährt er im silbernen Alfa Romeo Sprint Veloce, der sogar im Nachspann ausdrücklich erwähnt wird, durch Europa, um auf den dortigen Rennstrecken in seinem roten Brabham-Alfa Romeo BT45 Siege zu erzielen. Der erfahrene Rennfahrer Paul Newman war zunächst für die Rolle vorgesehen (siehe »Movie Cars – Races, Stars und Stories«), zog sich dann aber wieder zurück. Pacino war vor Drehbeginn nicht in der Lage einen Rennwagen zu fahren und wurde intensiv unterrichtet. Bei den gefährlichen Aufnahmen fuhr er allerdings nicht selbst. Die übernahm der brasilianische Rennfahrer José Carlos Pace, dem der Wagen auch gehörte. Gedreht wurde u.a. 1976 während des Formel-1-Grand-Prix in Südafrika. Pace starb am 18. März 1977 bei einem Flugzeugabsturz. Der Film ist ihm und dem britischen Rennfahrer Tom Pryce

»ICH DENKE NICHT ÜBER DEN TOD UND DIE GESCHWINDIGKEIT NACH. ICH FAHRE EINFACH.« – »BOBBY DEERFIELD« (1977)

Paul Newman war zunächst daran interessiert, die Hauptrolle zu spielen, sagte aber ab. Erst dann übernahm Al Pacino (oben).

Der Unfall eines Teamkollegen wirft Bobby Deerfield sprichwörtlich aus der Bahn (unten mit Brabham BT45)

Die beiden Hauptdarsteller waren auch privat ein Paar.

gewidmet, der am 5. März 1977 aufgrund des Fehlers eines Streckenpostens beim Grand Prix in Südafrika starb. Ein Dialog des Films nimmt die gefährliche Situation in der Formel 1 auf.

Lilian: »Du musst viel über den Tod und das Sterben wissen.«

Bobby: »Ich denke nicht über den Tod und die Geschwindigkeit nach. Ich fahre einfach.«

Der Spielfilm wurde mit authentischen Aufnahmen der Rennsaison 1976 angereichert. Darin sind u.a. die Fahrer James Hunt, Mario Andretti und Patrick Depailler zu sehen. Im südafrikanischen Kyalami ist Carlos Reutemann im Wagen mit der Nummer 7 aktiv, der auch mal als Pacinos Rennwagen fungiert. Vergleichbare Wagen zu finden, zu nutzen und zu beherrschen war 37 Jahre später ein sehr schwieriges Unterfangen. Es musste mühsam nach ihnen gesucht, oder sie mussten extra angefertigt werden.

»WENN MAN ES GENAU NIMMT, IST ES EIGENTLICH EINE BOMBE AUF RÄDERN« – »RUSH – ALLES FÜR DEN SIEG« (2013)

In den 90er-Jahren und Anfang der-2000er Jahre, gerieten Kinospektakel

Alfa Romeo unterstützte den Film und wird im Nachspann als Sponsor genannt. Al Pacino nahm extra Fahrstunden.

rund um die Formel 1 aus dem Fokus der Filmindustrie. Stattdessen wurden NASCAR-Rennen thematisiert (»Tage des Donners«, 2001 und »Ricky Bobby – König der Rennfahrer«, 2006). Mehrere Versuche, einen Formel-1-Film zustande zu bringen, scheiterten an den immensen finanziellen Forderungen der Eigentümer oder den Problemen, sich mit Sponsoren zu einigen. Erst 2008 kam Bewegung in die Sache. Regisseur Ron Howard und Autosammler und Produzent George Lucas besuchten im Mai den Grand Prix von Monaco und überlegten, ob es eine Geschichte gebe, die innerhalb dieser faszinierenden Atmosphäre spielen könnte. Auf eine gute Story stieß der in Wien lebende englische Autor Peter Morgan durch seine damalige Frau Lila Schwarzenberg – eine Österreicherin. Sie erzählte von der Rivalität zwischen Niki Lauda und James Hunt, den er kannte. Morgan nahm Kontakt zu Lauda auf, traf sich mehrfach mit ihm in Wien und auf Ibiza und erfuhr Insiderinformationen. Nachdem er noch mit Freunden von Hunt wie Rennstallbesitzer

Die Darsteller Brühl und Hemsworth freundeten sich während der Dreharbeiten auch privat an.

Alexander Hesketh, dem Rennfahrer und Hesketh-Teammanager Anthony »Bubbles« Horsley und dem McLaren Formel Teammanager Alastair Caldwell gesprochen hatte, verfasste er das Drehbuch.

Er kontaktierte die englische Produktionsfirma »Working Title«, die 2010 den Dokumentarfilm »Senna« produziert hatte, und stieß auf offene Ohren. Produzent Eric Fellner war von Formel-1-Rennen und dem Duell fasziniert: »Diese Männer waren Gladiatoren, unglaublich sexy und aufregend, weil sie jede Woche mit dem Tod spielten. Es waren Rockstars. Als ich das Drehbuch las, konnte ich nicht nein sagen.« Ursprünglich sollte Paul Greengrass den Film inszenieren, sagte auch zu, sprang aber wegen anderer Verpflichtungen wieder ab, sodass Peter Morgan Regisseur Ron Howard ins Spiel brachte. Die beiden Männer hatten schon bei »Frost/Nixon« zusammengearbeitet. Howard sagte zu und erklärte: »Die Geschichte war unwiderstehlich.«

Chris Hemsworth und Daniel Brühl wurden für die Hauptrollen verpflichtet.

Laudas schrecklicher Unfall auf dem Nürburgring wurde am selben Ort nachgestellt.

Die Story blickt detailliert auf die Rennsaison des Jahres 1976 in dem James Hunt und Niki Lauda um die Weltmeisterschaft kämpften. Zu sehen ist ihre Rivalität aber auch ihre Freundschaft. Gleich zu Anfang wird deutlich, wie gefährlich das ist, was sie tun: »25 Fahrer gehen in jeder Formel-1-Saison an den Start und jedes Jahr sterben zwei von uns. Was sind das für Menschen, die so einen Job machen?«, fragt Lauda. Der Film beginnt 1970, als sich die beiden Männer erstmals auf der englischen Rennstrecke Crystal Palace begegnen. Dort wurde auch gedreht. »Wenn man es genau nimmt, ist es eigentlich eine Bombe auf Rädern«, sagt James Hunt dort zu seiner späteren Frau über sein Auto.

FAHRERTRAINING, ORIGINALFAHRZEUGE, REPLIKEN

Die beiden Hauptdarsteller absolvierten lange vor Drehbeginn ein intensives Fahrtraining. Daniel Brühl: »Danach verstand ich sehr gut, warum junge Männer Rennfahrer werden wollen, denn es macht süchtig und ist pures Adrenalin.« Um Niki Lauda adäquat darstellen zu können, besuchte er ihn mehrfach in Wien. Der lud ihn sogar zum GP von Brasilien ein, der am 27. November 2011 auf dem Autódromo José Carlos Pace in São Paulo stattfand. Schon sechs Monate vor Drehbeginn, im August 2011, war Ron Howard auf dem Nürburgring, um dort an einem Rennwochenende Eindrücke zu gewinnen und zu filmen. Auf dem von dem britischen Rennfahrer und dreifachem Formel-1-Weltmeister Jackie Stewart mal als »grüne Hölle« bezeichneten Kurs geschah am 1. August 1976 auch der Unfall, der Niki Lauda fast das Leben kostete und zentraler Teil des Films ist. »Wir reisten zu dem Ort, wo der Unfall passierte«, so Ron Howard. »Es war fast so, als wenn man eine Kirche betritt.

Daniel Brühl traf sich zur Vorbereitung mehrfach mit Niki Lauda.

Am Tag der Dreharbeiten spürte ich das Adrenalin pumpen. Jeder bemerkte, dass das Ganze außergewöhnlich war und welche Verantwortung wir hatten, als wir den Unfall nachstellten.« Doch bevor an dem Wochenende 14./15. Januar 2012 tatsächlich dort gedreht wurde, mussten passende Autos gefunden werden, die so gut wie möglich den Originalen entsprachen. James Hunt fuhr einen McLaren M23D. Davon entstanden zwei Repliken. Lauda fuhr Ferrari 312T/312TS. Davon wurden drei Repliken gebaut. Sie wurden zum Teil so konstruiert, dass man sie mühelos in die seltenen Ligier JS5 und Brabham BT45 verwandeln konnte. Außerdem wurden zwei BRM 160 gefertigt. Immer mal wieder gab es auch zeitlich begrenzte Umbauten. So wurden zwei Tyrrell P34 von 1977 zu 1976er-Fahrzeugen und die echten Ferraris wurden mal zum 312T, mal zum T2. Auch die Windkästen am Heck wurden angepasst. Darren Stone von Mirage Engineering in Norfolk baute einige der Repliken wie etwa den BRM, den Lauda 1973 fuhr. Rob Austin von British Touring Car baute den Ferrari 312T. WDK motorsport in Stockbridge fertigte den McLaren M23D und die Hesketh 308B und 308D.

Originalfahrzeuge kamen aus historischen Museen und privaten Sammlungen. Dazu zählte auch der McLaren M23D, in dem Hunt 1976 die

Weltmeisterschaft gewonnen hatte. Die Originalfahrzeuge wurden immer nur von ihren Eigentümern oder denen, die sie es sich zutrauten, gefahren. So saß etwa Sean Edwards in dem Hesketh, der früher von seinem Vater Guy gefahren wurde. James Hunt fuhr von 1972 bis 1975 für Hesketh. Zu Gast bei den Aufnahmen war auch der deutsche ehemalige McLaren-Pilot Jochen Mass, der zwischen 1975 und 1977 im selben Team wie James Hunt und Emerson Fittipaldi fuhr. Dort sah er seinen Original McLaren M23 wieder. Sehr schwierig war es, authentische Lotus- und Tyrrell-Transporter zu finden.

RENNEN IN ENTGEGENGESETZTER RICHTUNG UND EIN VERLORENES RAD

Obwohl die Rennen in mehreren Ländern in Europa, in Brasilien, Südafrika und im japanischen Tokio stattfanden, wurde in England und Deutschland gedreht. Produktionsdesigner Mark Didgby kümmerte sich darum, dass Brands Hatch, Donington Park, Snetterton, Cadwell Park und der Flughafen in Blackbushe entsprechend aussahen. So wurde u.a. Donington zu Monza und Snetterton zu Fuji. Insgesamt ging es um 15 Rennen zwischen 1974 und 1976. In Blackbushe, etwa 60 Kilometer südwestlich von London, wurde eine Boxengasse nachgebaut, die so gestaltet war, dass man die Logos der Firmen ändern konnte, damit sie auch zu einem anderen Rennen an einem anderen Ort passten. Auf einigen Rennstrecken fuhren die Wagen auch in entgegen gesetzter Richtung des sonst üblichen Kurses, um entsprechende Kurvenfahrten zu rekreieren. Kameramann Anthony Dod Mantle nutzte zum Teil 30 bis 35 Kameras, um die Rennszenen einzufangen. Die waren auch auf und unter den Wagen, auf dem Auspuff, auf und unter dem Dach angebracht.

Dank des Fahrertrainings wurde den beiden Hauptakteuren immer mehr zugetraut, auch wenn das Ganze mit Risiken verbunden war. Chris Hemsworth: »Im Laufe der Zeit durften wir mehr fahren als zunächst erwartet. Das half der Authentizität des Films.« Wie fragil die alten Rennsportboliden und auch die Repliken waren, erfuhr Daniel Brühl am eigenen Leib: »Ich verlor ein komplettes Rad und mein Wagen sprang herum. Es war sehr schwer dieses Biest zu kontrollieren, aber es war gut, diese Erfahrung zu machen.«

Im Mai 2012 waren die Dreharbeiten in England, Deutschland und Österreich abgeschlossen. Als Niki Lauda eine Vorabversion noch ohne einige Effekte und die Musik von Hans Zimmer sah, war er schockiert, wie sein Verhalten auf der Leinwand wirkt, aber begeistert von der schauspielerischen Leistung von Daniel Brühl. Er empfand ihn als »hervorragend«. Bei der Weltpremiere am 2. September 2013 im Odeon Kino am Londoner Leicester Square saß er zufällig neben dem damaligen Geschäftsführer der Formel-1-Holding, Bernie Ecclestone. »Als der Film zu Ende war, sagte

Rennen fuhr Brad Pitt vor Beginn der Dreharbeiten nie, aber schnelle Autos schon.

er zu mir: Der Film ist gut. Ich möchte ihn mir sofort nochmals ansehen«, so Lauda. Daniel Brühl wurde für 17 Preise nominiert, darunter auch für den Golden Globe, skurrilerweise immer als »Best Supporting Actor«, aber eine Nebenrolle war das sicher nicht. Zwar gab es einige Veränderungen gegenüber der wahren Geschichte, denn tatsächlich waren Hunt und Lauda zwar sowohl Freunde als auch Rivalen seit der Formel 3. »Rush« spielte bei einem moderaten Budget von 38 Millionen Dollar 96,99 Millionen ein. Sechs Jahre danach betrug das Budget von »Le Mans 66« schon 97 Millionen Dollar und das von »F1« wird auf über 250 Millionen Dollar geschätzt. Diese Kostenexplosion wird vermutlich dafür sorgen, dass die Zeit der Formel-1-Filme wohl erstmal zu Ende geht.

»WIR HABEN ALLE ECHTEN PROTAGONISTEN IN DER STARTAUFSTELLUNG DABEI UND AUCH NOCH BRAD PITT« – »F1« (2025)

Haben Sie schon mal etwas vom APXGP Formel-1-Team gehört? Im Mai 2024 tauchte der Name erstmals in der Boxengasse beim Großen Preis von Großbritannien in Silverstone auf und ließ den Rennzirkus aufhorchen – zumal der Grand Prix erst am 7. Juli stattfand. Schon im Mai 2023 begannen die Dreharbeiten eines Films unter dem Arbeitstitel »Drive to Survive«, der später in »F1« umbenannt wurde. Brad Pitt, Damson Idris, Kerry Condon und Javier Bardem spielen die Hauptrollen. Aufgrund des Streiks der Schauspielergewerkschaft konnte jedoch erst ein Jahr später weitergearbeitet werden. Die Story dreht sich um den Rennfahrer Joshua Pearce (Idris), dem der erfahrene Pilot Sonny Hayes (Pitt) in eben diesem APXGP Formel-1-Team unter die Arme greift, um ihn anzuleiten und dann auch noch selbst wieder ins Cockpit zu steigen. »Meine Figur ist mit einem Teamchef befreundet«, so Pitt während der Dreharbeiten. »Sein Rennstall liegt auf dem letzten Platz, und die Autos stehen

Brad Pitt und Tom Cruise lieferten sich während der Dreharbeiten von »Interview mit einem Vampir« 1997 Rennen auf der Kartbahn. Cruise gewann – und unterstützte Pitt bei der Europa-Premiere von »F1« in London.

auf den Startplätzen 21 und 22. Das Team hat noch nie Punkte geholt. Aber das Team hat ein junges Talent unter Vertrag. Der Teamchef sieht in mir eine letzte Chance und holt mich zurück.«

Um ein Gefühl für die Rennszenerie zu bekommen und die Kräfte, die auf die Fahrer wirken, absolvierten die Darsteller ein mehrmonatiges Training. Zunächst stiegen sie in Karts, übten in der Formel 3 und danach in Formel-2-Rennautos. Diese wurden optisch verändert, um den Formel-1-Rennern zu entsprechen. Mercedes sorgte für sechs Umbauten. Der Radstand wurde verlängert, innen gab es Installationen für Kameras. Dank Zusagen der Formel-1-Rennleitung, durfte das Drehteam am Donnerstag, dem 4. Juli 2024 vor dem GP in Silverstone dabei sein, um so erstes Filmmaterial vom Rennwochenende einzufangen. Das Management gewährte den Zugang und lieferte Live-Bilder von den

Die Wagen des fiktiven APXGP-Rennteams Seite an Seite.

Hell« über den Konkurrenzkampf zwischen Ferrari und Ford in den 60er-Jahren kam 2019 als »Le Mans – Gegen jede Chance« mit Matt Damon und Christian Bale in die Kinos. Der hervorragende Film wird noch in einem anderen Buch der »Movie Cars«-Reihe gewürdigt werden. Daneben kam »F1« das Engagement des englischen Spezialisten Trevor Carlin und seines Teams zugute. Der Chef von Carlin Motorsport verfügt über eine langjährige Erfahrung als Teammanager und schulte die Akteure. Nach verschiedenen Quellen stieg Pitt zwecks Vorbereitung auf die Rolle auf dem Circuit Paul Ricard im französischen Le Castellet in ein Formel-3- und ein Formel-2-Auto und beim 24-Stunden-Rennen von Le Mans in einen der Rennwagen. Lewis Hamilton verbrachte mit Pitt außerdem einen Tag bei einem Rennen nahe Los Angeles. Er lernte den Schauspieler zu schätzen: »Für jemanden, der nie ernsthaft Rennen gefahren ist, hat er ein gutes Auge.« Im Jahr 2015 sprach Pitt den Kommentar der Grand-Prix-Motorsport-Dokumentation »Hitting the Apex«.

Um das Risiko für den Rennbegeisterten zu minimieren, der mit 30 Millionen Dollar die höchste Gage seiner Karriere einstreichen soll, kamen in vielen Rennen und Spezialkameras in besonderen Bereichen von den 20 regulären Formel-1-Wagen.

»FÜR JEMANDEN, DER NIE ERNSTHAFT RENNEN GEFAHREN IST, HAT ER EIN GUTES AUGE«

Zugutekam dem Team rund um Regisseur Joseph Kosinski und Produzent Jerry Bruckheimer, die auch schon »Top Gun: Maverick« verantwortet hatten, die Bekanntschaft mit dem damaligen Mercedes-Piloten und siebenmaligen Formel-1-Weltmeister Lewis Hamilton, der das Projekt unterstützte. Hamilton hatte schon früher mit dem Gedanken gespielt, an einem Formel-1-Film mitzuwirken, doch das zerschlug sich wieder. Das gilt auch für Brad Pitt und Joseph Kosinski. Ihr Projekt »Go Like

Lewis Hamilton (ganz links) ist einer der Ko-Produzenten des Films.

Szenen Stunt-Fahrer zum Einsatz: Craig Dolby fuhr für Brad Pitt, für Damson Idris saß Akshay Luciano Bacheta am Steuer. Das Ferrari-Team unterrichtete die Akteure in Bezug auf Boxenstopp und Reifenwechsel, die bald so eingespielt waren, dass das fiktive APXGP-Team von den anderen zehn akzeptiert wurde. Sogar ihre Box war mittendrin – zwischen Ferrari und Mercedes. Der Einsatz einer rund 400 Personen umfassenden Filmcrew brachte jedoch auch ein paar Probleme mit sich, sodass sich einige Formel-1-Piloten über die Störungen beschwerten. Tatsächlich sind aber alle 20 Fahrer im Film vertreten und spielen sich selbst.

Nach den Aufnahmen in Silverstone, reiste das Filmteam zum Hungaroring in Budapest, drehte Rennszenen auf dem Autódromo Hermanos Rodríguez in Mexiko City, im holländischen Zandvoort, im belgischen Francorchamps, im italienischen Monza, im japanischen Suzuka, in Las Vegas sowie im Dezember 2024 beim Saisonabschluss in Abu Dhabi. Dort ließen sich Pitt und Idris gemeinsam mit dem Ferrari-Team ablichten. Aufgrund der langen Unterbrechung und der ausgiebigen Reisen stieg das Budget von ursprünglich veranschlagten 140 Millionen auf über 250 Millionen Dollar. Das Risiko dafür tragen die beiden Firmen Warner Brothers, die den Film in die Kinos bringen und Apple TV+, die ihn streamen sowie neun Produzenten. Dazu zählen auch Lewis Hamilton und Brad Pitt. Doch das Risiko stört Hamilton nicht: »Wir haben alle echten Protagonisten in der Startaufstellung dabei und auch noch Brad Pitt. Das ist schon ziemlich cool.«

KAPITEL 2

»RUNAROUND SUE«

»RUNAROUND SUE« – BRAD PITT UND SEINE AUTOS

Eines Tages im Jahr 1986 war William Bradley Pitt, so sein voller Name, sein Journalismus-Studium mit dem Schwerpunkt Werbung an der University of Missouri leid. Er stieg in seinen silbernen Datsun und fuhr mit 300 Dollar in der Tasche nach Kalifornien, um es dort als Schauspieler zu probieren. Nach seiner Aussage war es ein »Piece of Shit Datsun«, dem er dennoch einen Namen gab. Er hieß: »Runaround Sue«.

Der am 18. Dezember 1963 geborene Pitt stammt aus Shawnee in Oklahoma. Er hat noch zwei jüngere Geschwister und wuchs in einem konservativen Haushalt auf. Sein Vater William Alvin Pitt managte ein Transportunternehmen und kannte sich gut mit Lkw aus. Seine Mutter Jane arbeitete in der Verwaltung eines Colleges. Schon bald zog die Familie nach Springfield in Missouri um, wo Brad die Kickapoo High School besuchte

Pitt fuhr im BMW Hydrogen 7 zur Premiere von »Ocean's 13« vor.

Mit einem Datsun machte sich Pitt 1985 auf nach Hollywood.

und als guter Schwimmer, Tennisspieler, Golfer sowie im Debattierclub auffiel. Als Baptist war er oft in örtlichen Kirchen zu sehen und zu hören, denn er sang im Chor. Häufig fuhr er den Wagen seines Vaters, ein 455 Buick Centurion Coupé aus dem Jahr 1973 mit Dreigang-Schaltung und einem 350-4 V8 Motor.

Ab 1982 begann sein Studium. Als er 1985 die Hochschule verließ, fehlte ihm nur ein erfolgreicher Text, der ihm zwei Credit-Points einbringen würde zum Abschluss, doch Pitt hörte einfach auf. Er arbeitete für zwei Wochen in der Firma seines Vaters, belud Laster, verdiente sich sein Benzingeld und bekam den Datsun spendiert. Nach verschiedenen Quellen war das entweder ein 200 ZX oder ein B210, der bei uns Sunny genannt wird. Brad Pitts Ziel war Hollywood, denn Filme mochte er schon immer.

Später erzählte er Karen Beystadt, die 1996 das Buch »Before They Were Famous« veröffentlichte: »Ich hatte 300 Dollar und erinnere mich daran, dass ich jedes Mal, wenn ich die Grenze eines Bundesstaats überquerte, zu mir sagte 'Yeah!'. Ich war so aufgeregt.« In Los Angeles angekommen, lebte er zunächst in dem Wagen, kam dann bei einem Bekannten namens Buck Simmons unter und wohnte mit ihm und drei Hunden in einer WG. »Ich tat alles, um flexibel zu bleiben und in die Schauspielbranche zu kommen – und wusste noch nicht mal, dass ich Bewerbungsfotos benötigte«, so Pitt über seine Anfänge. Er nahm jede Verdienstmöglichkeit an, jobbte als

Brad Pitt mit seiner Ducati Monster 2006 in Paris.

Botenjunge, lieferte Möbel aus, begrüßte in einem Hühnerkostüm die Gäste des Fast-Food-Restaurants El Pollo Loco auf dem Sunset Boulevard und fuhr eine Limousine, um Stripperinnen zu Junggesellenpartys zu bringen: »Ich holte sie ab, sammelte am Veranstaltungsort das Geld und ihre Kleidung ein. Es war nicht gerade eine angenehme Atmosphäre, und ich wurde depressiv. Also machte ich das nur für zwei Monate, da ich es nicht mehr aushielt«, so Pitt.

EINE STRIPPERIN HILFT BEIM START INS SHOWBUSINESS

Kurz vor dem Ende des Fahrerjobs erzählte ihm eine Stripperin von einer örtlichen Schauspielschule, die auch ihr Freund Charlie Sheen besuchte. Dort traf er auf eine angehende Schauspielerin, die zu einem Vorsprechen bei einer Agentur eingeladen war. »Sie fragte mich, ob wir eine Szene proben können, wir führten sie vor all den Agenten auf, und ich wurde verpflichtet.« Schauspiellehrer Roy London nahm sich seiner an und bald schon bekam Pitt kleinere Rollen in Werbespots und Auftritte in Fernsehserien – darunter viermal in der Serie »Dallas«.

> **»DURCH DIE WERBUNG SIND WIR HEISS AUF KLAMOTTEN UND AUTOS, MACHEN JOBS, DIE WIR HASSEN, KAUFEN SCHEISSE, DIE WIR NICHT BRAUCHEN.«**
> **- BRAD PITT ALS TYLER DURDEN IN »FIGHT CLUB«**

Dennoch besaß er nach eigenen Angaben 1989 gerade mal 800 Dollar. Zu der Zeit war er mit dem Schauspieler Brandon Lee, dem Sohn von Bruce Lee, befreundet, der im Stadtteil Echo Park von Los Angeles lebte und einen Leichenwagen besaß. Mit dem fuhren sie häufig in die Clubs der Umgebung. Dank eines nur 14 Minuten dauernden Auftritts in dem Ridley Scott Film »Thelma & Louise« begann zwei Jahre später seine Weltkarriere, auch wenn er dafür nur 6.000 Dollar Gage erhielt. Drei Jahre später bekam er für seine Hauptrolle in »Interview mit einem Vampir« schon drei Millionen Dollar und konnte sich einen luxuriösen Fuhrpark leisten. Zu seinen Fahrzeugen zählen im Laufe der Zeit sowohl reine Sportwagen als auch Limousinen sowie echte Exoten. So erscheinen Pitt und Angelina Jolie z.B. zur Weltpremiere von »Ocean's 13« am 5. Juni 2007 in Los Angeles mit einem silbernen BMW Hydrogen 7. Es ist eines von 100 Fahrzeugen mit einem Wasserstoffverbrennungsmotor, es soll Pitt auch gehören. Der Wagen ist silberfarben, eine Abkehr von den zumeist dunklen Farben seiner sonstigen Autos. Jolie schenkte ihm 2015 einen schwarzen Aston Martin Vanquish in

Der Film »Thelma & Louise« von Ridley Scott machte Pitt 1991 weltbekannt, hier in einer Szene mit Ford Thunderbird.

der Carbon Edition. Er besitzt einen Porsche Taycan Turbo S in Schwarz mit goldenen Felgen, seit 2008 einen dunkelblauen Mercedes-Benz G 55 AMG, einen schwarzen Audi Q7 sowie einen R8 Spyder, dessen Farbe allerdings unklar ist. Zusätzlich finden sich in den Garagen seiner diversen Anwesen ein Bentley Continental GT, ein schwarzer Chevrolet Camaro SS von 2010 mit Rennstreifen in Orange sowie weitere schwarze Fahrzeuge der Marken und Typen Chevrolet Tahoe, Jeep Cherokee, Lamborghini Aventador LP 700-4 und ein Lexus LS 460 F Sport. Nur bei einem der beiden Tesla S, die er besitzt, hat er mal eine andere Farbwahl getroffen. Er ist nicht etwa schwarz, sondern silbern.

Nach einer gescheiterten Ehe mit der Kollegin Jennifer Aniston (2000 bis 2005) verliebte er sich am Set des Films »Mr. und Mrs. Smith« in Angelina Jolie. Sie bekommen drei Kinder, drei weitere, die Jolie adoptiert hatte, adoptierte er zusätzlich. Das führte dazu, dass die Familie auf acht Personen anwuchs und er zeitweilig ganz spezielle Fahrzeuge fuhr, um zusammen verreisen zu können. Anfang 2013 erzählte er dem

Im Alltag ist Pitt mit Familie im Tesla Model S (oben) oder mit Mercedes-Benz V-Klasse (links) unterwegs.

US-Magazin »Esquire«, dass sie mit ein paar Freunden und deren drei Kindern zusammen »einen Econovan« nutzten, um zu campen. »Wir fuhren drei Stunden lang mit neun Kindern. Kein anderes Fahrzeug ist dafür groß genug. Es gibt keinen Wagen, in den wir als Familie hineinpassen würden. Die anderen Fahrzeuge nehmen maximal sieben oder acht Personen auf. In ein SUV passen nur sieben. Wir leben in einer anderen Welt und mieten unsere Fahrzeuge. Wir wollen auch nicht erkannt werden, so dass man uns folgen kann. Wir verbringen viel Zeit damit, den Paparazzi auszuweichen. Es ist eine große Belästigung.« Kein Wunder, dass er mal sehr deutlich wurde, als er auf seine weltweite Bekanntheit angesprochen wurde: »Ruhm ist eine Hure. Er fühlt sich so an, als wenn man als Frau permanent an Bauarbeitern vorbeigeht.«

So wie er einst in einem Auto lebte, lebt er zuweilen immer noch, wenn auch wesentlich komfortabler. Er besitzt auch ein rollendes Mobil Home der Firma »King Kong Productions Vehicles«, die für ihr luxuriöses Gefährt 1,2 Millionen Dollar berechnet. Bei einer Gage von 30 Millionen Dollar, fällt der Preis nicht weiter ins Gewicht.

KAPITEL 3

»WAS HINTER MIR IST, IST NICHT WICHTIG«

»WAS HINTER MIR IST, IST NICHT WICHTIG« – CANNONBALL, GUMBALL UND DIE RENNEN DURCH DAS GANZE LAND

Zu Anfang war da ein Zug. Im Jahr 1914 fuhr der Cannonball Express zwischen Lackawanna County und Pittsburgh im US-Bundesstaat Pennsylvania. Ein amerikanischer Journalist verwendete den Begriff »Cannon Ball« 1914 aber auch in einem anderen Zusammenhang: Er gab dem aus Indiana stammenden Erwin George Baker diesen Beinamen. Dieser amerikanische Motorrad- und Autorennfahrer (1882–1960) wurde bekannt, da er 143-mal auf Indian Motorrädern und in Autos durch die USA fuhr, um währenddessen vor allem Produkte anzupreisen. 1914 benötigte er auf seinem Motorrad gerade mal elf Tage, um von Küste zu Küste zu kommen und stellte damit einen ersten Rekord auf. Später schaffte er es sogar in sechs Tagen. Namensgebend für alle die späteren Rennen war seine Fahrt aus dem Frühjahr 1933 von New York nach Los Angeles, die er in einem Auto vom Typ Graham Paige mit der Bezeichnung Model 57 Blue Streak 8 durchführte. In 53,5 Stunden war er am Ziel. Diese Fahrt führte zum sogenannten »Cannonball Baker Sea-to-Shining-Sea Memorial Trophy Dash«, was im Laufe der Zeit als »Cannonball Run« firmierte.

»ALLE TEILNEHMER WÄHLEN EIN FAHRZEUG IHRER WAHL UND IHRE ROUTE MIT DER GESCHWINDIGKEIT, DIE IHNEN ZWISCHEN START UND ZIEL PRAKTIKABEL ERSCHEINT. DERJENIGE, DER DIE WENIGSTE ZEIT BENÖTIGT, IST DER GEWINNER.«

Da Baker bereits am 10. Mai 1960 starb, bekam er nicht mehr mit, was aus dem Cannonball-Rennen wurde. Einer der Initiatoren war der Journalist und Reporter des »Car and Driver« Magazins Brock Yates, der später eine lesenswerte Biografie über Enzo Ferrari verfasste, die u.a. die Basis für den »Ferrari« Film von Michael Mann aus dem Jahr 2023 bildete. Gemeinsam mit dem Herausgeber Steve Smith hatte Yates die Idee, den Cannonball Run wieder aufleben zu lassen. Dazu stellten beide die folgende Regel auf: »Alle Teilnehmer wählen ein Fahrzeug ihrer Wahl und ihre Route mit der Geschwindigkeit, die ihnen zwischen Start und Ziel

Cannonball Baker (Mitte) 1951 als NASCAR-Kommissar mit Fahrer Frank Mundy (links) und Perry Smith, dem Besitzer von Smiths Studebaker.

praktikabel erscheint. Derjenige, der die wenigste Zeit benötigt, ist der Gewinner.« Mit anderen Worten: Regeln gibt es nicht, und Verkehrsregeln, an die man sich zu halten hat, sind eigentlich egal. Es war ein Wettlauf gegen die Zeit, und der begann am 3. Mai 1971. Er war als eine Art »Feier« und Verneigung vor dem Interstate Highway System in den USA und als Protest gegen die Straßenverkehrsgesetze der 70er-Jahre gedacht, die zu der Zeit gerade verschärft wurden. Damals fuhren Brock Yates, sein Sohn, Steve Smith und ein befreundeter Fotograf namens Jim Williams in einem 71er Dodge Custom Sportsman Van, der den Namen Moon Trash II erhielt. Sie starteten in New York. Nach 40 Stunden und 51 Minuten erreichten sie den Hafen von Redondo Beach in Los Angeles. Damit waren sie schneller als Erwin Baker und unterboten seinen Rekord, der fast 38 Jahre lang Bestand hatte.

Daraus resultierte das erste Cannonball-Rennen, das am 15. November 1971

begann. Acht Teams konkurrierten miteinander. Brock Yates war auch mit dabei und konnte dank Daniel Sexton Gurney auf prominente Unterstützung setzen. Gurney hatte am 11. Juni 1967 die 24 Stunden von Le Mans gewonnen, war also mit Langstreckenrennen vertraut – wenn auch nicht auf öffentlichen Straßen. Geholfen hat vermutlich auch der Ferrari 365 GTB/4 Daytona, den sie steuerten, denn nach 35 Stunden und 54 Minuten fuhren sie als erste durchs Ziel beim Hotel Portofino Inn am Redondo Beach nahe dem Pazifik. Der blaue (sunoco blue) Daytona, einer von nur 15 der Competizione-Version, gehörte dem Ferrari-Händler Kirk F. White aus Pennsylvania. Dank kompromisslosen Tunings verfügte er über 450 PS anstatt der sonst üblichen 352. »Wir waren niemals schneller als 175 Meilen pro Stunde«, so Gurney später.

Brock Yates interviewt den Fahrer Stan Fox für das Nashville Network vor einem USAC National Midget Car-Rennen in Phoenix 1992.

Nach der erfolgreichen Premiere im Herbst 1971 organisierten Yates und Smith das nicht erlaubte Rennen durch die USA, das an die Rekordfahrten von Baker angelehnt war, auch wenn anzumerken ist, dass Baker nicht unter Missachtung von Verkehrsegeln durch das Land fuhr. Die Rennen fanden 1971, 1972, 1975 und 1979 statt. Yates nahm dafür auch einen Disput mit seinem Arbeitgeber in Kauf. Er verlor kurzzeitig seinen Posten als Herausgeber des »Car and Driver«-Magazins. Mindestens fünf Filme und eine TV-Serie resultierten daraus.

PUNKTE FÜR TOTE – »FRANKENSTEINS TODESRENNEN« (1975)

Der Film von Paul Bartel »Death Race 2000« aus dem Jahr 1975, der in Deutschland den Titel »Frankensteins Todesrennen« trägt, war der erste. Es ist ein äußerst ungewöhnliches und skurriles Werk, das auf viel schwarzen Humor setzt. Der Amerikaner Bartel, der damit seinen zweiten Spielfilm inszenierte, machte daraus eine Farce, die die populären Rennen quer durchs Land kräftig auf die Fronthaube nahm. In der Geschichte geht es darum, Punkte zu sammeln, in dem die Fahrer unschuldige Passanten auf den Straßen umfahren. Je höher die Trefferquote, desto höher die Chance zu siegen.

Ursprünglich sollte Peter Fonda, der mit dem Produzenten Roger Corman schon bei den Filmen »Die wilden Engel« (1966) und »The Trip« (1967) gearbeitet hatte, die Hauptrolle des Frankenstein spielen, doch er fand die Geschichte zu abstrus. So durfte David Carradine hinter dem Steuer Platz nehmen. Er war gerade weltbekannt geworden, weil er in

Als Sylvester Stallone noch weitgehend unbekannt war: Originalplakat von »Frankensteins Todesrennen«.

63 TV-Folgen der Serie »Kung Fu« den asiatischen Shaolin-Mönch Kwai Chang Caine gespielt hatte. Exakt zwei Wochen nach dem Dreh-Ende der TV-Serie, stieg Carradine in monströser Montur in einen der Rallye-Wagen und genoss es, dem Image des Kung-Fu-Kämpfers zu entgehen: »Viele Leute glaubten tatsächlich, dass ich dieser Caine war, also musste ich mir schnell ein neues Image zulegen.« Sein Widersacher war damals noch unbekannt; sein Name: Sylvester Stallone.

Produzent Roger Corman ließ als Erstes die Story überarbeiten. Dann überlegte er sich, wie er die Aufnahmen mit

Illegale Fahrzeuge und Umbauten dank Fiberglas machten die Renner aus.

bescheidenen Mitteln realisieren könnte. Weil seine Filme chronisch unterfinanziert waren, gab es nur wenig Geld für Stuntdoubles, sodass Carradine und Stallone fast immer selbst am Steuer saßen. Zuweilen fuhr Autonarr Corman auch selbst. Der hatte schon 1955 den Film »The Fast and the Furious« produziert und war darin Autos vom Typ Jaguar XK 120 gefahren. Sein Rennfahrerfilm wurde später zu einem erfolgreichen Franchise (siehe »Fast, Fierce & Furious«, Motorbuch Verlag). Die Fahrzeuge in »Frankensteins Todesrennen«

Ein Wagen war an die deutschen V1-Raketen des Zweiten Weltkriegs angelehnt.

erhielten dank An- und Umbauten aus Fiberglas ein martialisches Aussehen. Da sie für den öffentlichen Straßenverkehr nicht zugelassen waren, fuhren alle illegal. Die wenigen Stuntfahrer hatten sich geweigert, weil sie vor der Polizei Angst hatten. Abseits des öffentlichen Verkehrs und wenn es in technischer Hinsicht zu Problemen kam – was häufiger der Fall war – wurden die Wagen gezogen oder auch mal die Berge hinuntergeschoben. Um die Illusion von hohen Geschwindigkeiten zu erzeugen, wurde häufig mit einer langsameren Bildrate gedreht, die beim Abspielen des Films erhöht wurde.

Basis für die Fahrzeuge waren eher lahme Vehikel. Zwei waren Volkswagen, die dank Verkleidungen zu Frankensteins »Dragon«-Auto und dem von »Machine Gun« Joe Viterbo wurden. Die Karosserie des Wagens von Frankenstein war von einer Corvette inspiriert und hieß »Shala Vette.« Der »Buzz Bomb«-Wagen von Mathilda the Hun war ein verkleideter Karmann-Ghia. Nero the Heros römischem Löwenvehikel diente ein 850er-Fiat Spider als fahrbarer Untersatz. Als der zerstört wird, sehen die Überreste allerdings eher wie ein Triumph Spitfire aus. Der Wagen von Calamity Jane Bull war ein amerikanischer Corvair.

Darstellerin Mary Woronov besaß keinen Führerschein und konnte nicht Auto fahren. Für die Nahaufnahmen saß sie in dem Wagen, der von einem Lkw gezogen wurde, ansonsten wurde sie gedoubelt. Der weiße Resistance Car, der Frankenstein verfolgt, war entweder ein 65er oder ein 66er Ford Mustang.

Das exakte Budget ist nicht bekannt. Insider gehen aber von 300.000 bis 530.000 Dollar aus. David Carradine bekam keine Gage. Er beharrte auf einer Gewinnbeteiligung von zehn Prozent, die sich gut auszahlte, denn der Film spielte zwischen 5,1 Millionen und acht Millionen Dollar ein. Zusätzliche Einnahmen bescherten dem Produzenten der Verkauf der Fahrzeuge an Museen. Damit erzielte er mehr, als ihr Umbau gekostet hatte. Nur Regisseur Paul Bartel hatte das Nachsehen. Seine Gage betrug gerade mal 5.500 Dollar.

PRODUZENT ROGER CORMAN VERDIENTE VIEL GELD MIT DEM VERKAUF DER UMGEBAUTEN WAGEN AN MUSEEN.

Der große Erfolg des Films führte dazu, dass 1976 ein vom Film inspiriertes Arcade Videospiel herauskam. Aufgrund der gezeigten Gewalt kam es zu großen Protesten … über den Film regte sich niemand auf – verkehrte Welt. 2008 entstand ein Kinoremake mit Jason Statham in der Hauptrolle für den Film »Cannonball«. Schon im Jahr 1976 saß David Carradine erneut am Steuer, ohne dass zielgerichtet Fußgänger umgefahren wurden. Mit einem Budget von 780.000 Dollar war der Film in etwa doppelt so teuer wie der Vorgänger. Paul Bartel inszenierte erneut, denn er benötigte nach der mehr als schlanken Gage des Vorgängers dringend Geld: »Das Einzige, was die Leute von mir wollten, war ein Film über Autos, also drehte ich 'Cannonball'.« Später beklagte er sich darüber, dass Roger Corman ihn dazu gedrängt hatte, den Film »härter und realistischer« zu machen, um populärer zu werden. »Ich Narr glaubte ihm.« Er fügte hinzu, dass er sich nie viel aus Autos und Rennen gemacht hat. Um einem Flop zu entgehen, sorgte er für eine Reihe von Gags, Gastauftritten und technischen Mätzchen.

Dieses Mal orientierte sich die Geschichte tatsächlich an den illegalen Straßenrennen quer durch die USA. Der Gewinner wird mit 100.000 Dollar belohnt. Carradine spielt einen Rennfahrer namens Cannonball Coy Buckman, der sowohl zahlreiche Unfälle als auch Autostunts überlebt. Dazu zählen Überschläge, ein Autosprung über eine

Lücke im Highway, Prügeleien, Schießereien und Explosionen. Nicht verwunderlich also, dass die Blechorgie mit dem Werbespruch »A cross country demolition movie« und »The pileup of the Century« angepriesen wurde.

JAGUAR, NEIN DANKE – »DIE VERRÜCKTESTE RALLYE DER WELT« (1976)

Noch im selben Jahr kam die nächste Crash-Orgie in die Kinos, die jedoch nicht von dem Team Roger Corman /

Eine AC Cobra und ein Ferrari Daytona Spyder im Wettstreit – beide mit Zusatzscheinwerfern.

Ein Wagen auf zwei Rädern: Das gab es schon 1971 im 007-Film »Diamantenfieber«.

»35 magische Stunden lang gegen rote Ampeln«, hieß es im Trailer – und: »The Cars are the Stars«.

Paul Bartel verantwortet wurde. Der Satz »Was hinter mir ist, ist nicht wichtig«, beschreibt kurz und knapp, worum es geht: Gestartet wird in einer Garage in New York, beendet wird die »verrückte« Rallye in Los Angeles. Ein weiteres Rennen wird angedeutet, aber zu einer Fortsetzung kommt es trotz wirklich exquisiter Autos nicht. Neben einer blauen 66er Ford Shelby Cobra, einem schwarzen 911 Targa mit Heckflügel, einem gelben Camaro Z28, der auch mal auf nur zwei Rädern fährt, einer weißen Chevrolet Corvette und einem goldfarbenen Rolls-Royce, ist hier ein roter Ferrari Daytona dabei, allerdings die Spyder Version, also der 365/GTS 4, der zwischenzeitlich auch mal während des

Rennens auf einen Laster auffährt, um etwas Boden gutzumachen. Produzent und Regisseur Charles Bail wollte einem Rennteam auch einen Jaguar mitgeben, doch der Hersteller lehnte eine Zusammenarbeit ab. Also organisierte er einen 74er-E-Type V12 der Serie 3 und machte sich als kleine Rache über dessen Zuverlässigkeit lustig: Er sprang nicht an.

KOMÖDIE MIT SCHWEREM UNFALL – »AUF DEM HIGHWAY IST DIE HÖLLE LOS« (1981)

Eine Idee der Cannonball-Teilnehmer, die am 1. April 1979 starteten, floss zwei Jahre später in die mit zahlreichen Gags gespickte Komödie »Auf dem Highway ist die Hölle los« ein, die der Stuntman und Regisseur Hal Needham inszenierte. Der fuhr 1979 mit Brock Yates in einem Dodge Van mit, der als Krankenwagen getarnt war. Außerdem waren zwei weitere Passagiere an Bord: Ein tatsächlicher Arzt und dessen Frau – allerdings lag sie, präpariert als Kranke, auf einer Trage hinten im Van. Der Van wurde mit einem 440-Wedge-Motor hochgerüstet, der von Dick Landy gebaut wurde und erreichte eine Höchstgeschwindigkeit von 233 km/h. Um nicht ständig tanken zu müssen, wurden vier Tankzugänge eingebaut, die dafür sorgten, dass tatsächlich 341 Liter Benzin eingefüllt werden konnten. Der »TransCon Medi-Vac« genannte Krankenwagen war allerdings nicht so gut wie die Tarnung. Gleich zu Anfang gab es technische Probleme, und bis zum Ziel kam das

Vierer-Team auch nicht. Das lag nicht etwa an einem aufmerksamen Polizisten, sondern am Fahrzeug. Ein Motor- und Getriebeschaden stoppte es in Palm Springs. Der Wagen wurde bis zum Ziel geschleppt. Hal Needham übernahm ihn im Anschluss und reaktivierte ihn für den Film. Nach den Dreharbeiten spendete er ihn einer Kirchenstiftung, die den 78er Dodge Sportsman für einen guten Zweck versteigern ließ.

Ursprünglich war der Film gar nicht als Komödie geplant. Hal Needham hatte eine ernsthafte Rallye durch das Land vor Augen und hoffte darauf, dass Steve McQueen die Hauptrolle spielen würde, doch der starb am 7. November 1980. Also wurde der Film zu einer Komödie umgearbeitet, was Co-Autor Brock Yates nicht gerade erfreute. Man bot Needhams Freund und Stuntdouble Burt Reynolds die Hauptrolle an, der aber zunächst ablehnte. Nach den beiden Filmen rund um »Ein ausgekochtes Schlitzohr« (Smokey and the Bandit), die 1977 und 1980 entstanden waren, wollte der nicht im Genre der Autofilme verharren. Eine Gage von fünf Millionen Dollar für vier Wochen Arbeit sorgten für einen Stimmungsumschwung, zumal er nur 15 Drehtage hatte ... Als Hommage an die »Schlitzohr« Reihe taucht am Ende des Films kurz ein schwarzer Trans Am auf, wobei der Fahrer auch noch eine Jacke trägt, die der von Reynolds Part als »Bandit« entspricht.

Mit dabei war auch John Harrison in einem blauen Lotus Esprit, vier Jahre nachdem der Bond-Film »Der Spion, der mich liebte« den Wagen weltweit bekannt gemacht hatte. Der Mann aus Morrisville in Pennsylvania war ein Fan der Marke. Seit der TV-Serie »Mit Schirm, Charme und Melone«, in der die von Diana Rigg gespielte Emma Peel einen Lotus Elan fuhr, war er infiziert. Sein Bruder Bill mochte Lotus ebenfalls. Als zufällig in New Jersey ein Esprit angeboten wurde, legten beide Geld zusammen und kauften ihn für 17.000 Dollar (VIN 77120574H, Kennzeichen: RNP 602). Während des Rennens kamen sie bis St. Louis, doch dann streikte der Engländer. Das Ziel erreichten die Enthusiasten nicht. Im Film ist der Lotus keiner der Hauptteilnehmer, aber sporadisch im Hintergrund zu sehen. Außerdem war noch ein weiterer Esprit gemeldet. Der war weiß, wie der im 1977er-Bond-Film, wenn auch mit goldfarbenen BBS-Felgen, und schaffte es bis nach Los Angeles.

Im Teilnehmerfeld spielte noch ein anderes Bond-Auto mit, sogar in einer Hauptrolle, und es wurde auch noch vom damals aktuellen 007-Darsteller Roger Moore gefahren. Der nimmt sich und seinen berühmten Part dabei kräftig auf die Schippe. Er war in einem silbernen Aston Martin DB 5 mit dabei – einem Wagen, den er jedoch in keinem seiner sieben Bond-Filme je gefahren ist. Er spielt Seymour Goldfarb, der denkt, dass er Roger Moore sei. Ursprünglich war sogar geplant, er solle sich für James Bond halten, aber aus Angst vor rechtlichen Auseinandersetzungen wurde das wieder verworfen. Anspielungen auf die

Die Komödie »Auf dem Highway ist die Hölle los« war 1981 so erfolgreich, dass drei Jahre später eine Fortsetzung folgte.

Filmreihe blieben jedoch erhalten. In einem Dialog erwähnt er, dass er gerade einen Film mit dem Titel »The Fly Who Bugged Me« abgedreht hat (Der Bond-Film trug den Original-Titel »The Spy Who Loved Me«). Außerdem verfügt sein DB 5 über einen Schleudersitz (wie in »Goldfinger«, 1964), auch wenn er selbst am Ende des Films daraus herauskatapultiert wird – und das auch noch aus einem DB 4 GT. Der von einem Stuntman durchgeführte Clou ging glimpflich ab, der Einsatz der amerikanischen Schauspielerin Heidi von Beltz nicht.

»SCHNELLER! SCHNELLER!«

Es war Stunt-Koordinator Bobbie Bass, zu der Zeit der Freund der damals 24-Jährigen, der sie anrief, um ihr einen Job als Stuntfahrerin im silbernen Aston Martin DB 5 anzubieten. Die frühere Weltklasse-Skiläuferin von Beltz sagte zu und doubelte Farrah Fawcett. Die Szene erschien, aber der Wagen war nicht verkehrssicher. Fahrer James (Jimmy) Nickerson musste am Morgen des fraglichen Tages feststellen, dass der DB 5 schlechte Reifen hatte, eine schwammige Lenkung, eine nicht gut funktionierende Kupplung und keine Sitzgurte. Die bestellten Ersatzteile kamen nicht rechtzeitig und benötigte Reparaturen wurden nicht ausgeführt. Er setzte sich dennoch ans Steuer und Heidi saß neben ihm. Der Aston Martin sollte sich durch eine Reihe von Autos auf dem Highway schlängeln. »Das Letzte, an das ich mich erinnere, war, dass jemand über das Walkie-Talkie sagte: Schneller! Schneller!«

Eine Hommage an »Goldfinger« (1964). Roger Moore fuhr in keinem 007-Film einen Aston Martin – hier schon. Außerdem gibt es mehrere Bond-Anspielungen …

Einige der Gags waren ziemlich affig, bremsten den riesigen Erfolg aber nicht.

Nickerson und Beltz rasten in das Heck eines vor ihnen fahrenden Van. Sie flog gegen die Windschutzscheibe und war fortan an vom Hals abwärts gelähmt.

Nickerson erlitt schwere Kopfverletzungen, eine gebrochene Hüfte sowie mehrere Brüche des linken Arms. Der außerdem im Wagen befindliche Special-Effects-Experte Cliff Wenger, der auf dem Boden vor dem Rücksitz lag und eine Nebelmaschine bediente, wurde herausgeschleudert und kam glimpflicher davon. James Halty, der den Van fuhr, auf den der Aston Martin krachte, erlitt ein paar gebrochene Rippen, wurde aber dank eines Netzes und eines Sicherheitsgurtes vor größeren Verletzungen bewahrt. Heidi von Beltz wurde in einem Prozess 4,5 Millionen Dollar (andere Quellen: 4,6) Entschädigung zugesprochen. Needham und Bobbie Bass bezeugten vor Gericht, dass der Aston Martin straßentauglich war, doch das wurde nicht bestätigt.

Seit dem Fall ist es verpflichtend vorgeschrieben, dass alle Fahrzeuge an Filmsets über Sicherheitsgurte verfügen müssen. Regisseur Hal Needham, letztlich verantwortlich für das gesamte Filmset, bezeichnete den schweren Unfall in seiner Autobiografie »Stuntman!« unpassend als »großes Missgeschick« und schrieb lieber ausführlicher über eine Reihe von zerstörten Scheinwerfern und weiterer Beleuchtung (im Wert von 12.000 Dollar) sowie einen Kran, der bei den Dreharbeiten auf einen Ferrari fiel.

Auch Schlägereien waren Teil der Handlung – und Jackie Chan war da natürlich mittendrin.

Ob es den roten 1977er-Ferrari 308 GTS getroffen hat, der im Film von Sammy Davis jr. und Dean Martin gefahren wurde, ist nicht bekannt. Bekannt wurde allerdings, dass einer der verwendeten Ferraris Needham selbst gehörte. Durch den Film wurde noch anderer italienischer Sportwagen bekannt, ein schwarzer Lamborghini Countach LP 400S aus dem Jahr 1979 mit senfgelber Innenausstattung. Adrienne Barbeau und Tara Buckman pilotieren ihn – dank High Heels auch sicher unproblematisch. Chassis 1121112 wurde zu Wagen Nr. 30, der in das »Historic Vehicle Register of the United States Library of Congress« aufgenommen wurde, weil er von »nationaler Bedeutung« sei. Im Film ist es der erste Wagen, der zu sehen und auch laut zu hören ist. Das Geschoss wurde zunächst an den Lamborghini Händler SEA Auto in Rom ausgeliefert, nach Florida exportiert und dort von einem guten Freund von Hal Needham gekauft. So kam er in den Film, wurde dafür aber noch modifiziert. Er bekam einen zusätzlichen Frontspoiler und zwei Scheinwerfer, drei Antennen (für den CB-Funk) und zwölf (!) Auspuffrohre. So erklärt sich auch der unverwechselbare Klang.

Schon während der Dreharbeiten, kaufte der Gründer des Sonnencreme-Herstellers »Hawaiian Tropic« Ron Rice den schnellen Italiener, nutzte ihn für seine Werbekampagnen, und behielt ihn 23 Jahre lang. Der aus Florida stammende Anwalt Jeff Ippoliti erwarb ihn 2004 von Rice und ließ ihn restaurieren, was zwei Jahre in Anspruch nahm. Schließlich erfolgte der »Ritterschlag« dank der Aufnahme in das oben erwähnte Register, und die schwarze Flunder – eines von nur 105 Exemplaren und übrigens etwas mehr als fünf Zentimeter tiefer gelegt – konnte sich einer besonderen Präsentation erfreuen. Sie wurde in alter Schönheit in einem Glaskasten vor dem Capitol in Washington ausgestellt.

»SEI EIN SPORTLER«

Das gelang dem Countach LP 400S S 3, der im Jahr 1984 die Fortsetzung des Films »Auf dem Highway ist wieder die Hölle los« (Cannonball Run II) eröffnete, nicht. Aber auch er hatte einen originellen Auftritt. Der zunächst weiße Wagen ist tatsächlich rot. Seine Farbe wird von ein paar Bauarbeitern einfach weggespritzt. Kino Magie eben. Der Wagen gehörte damals dem Schauspieler John Schneider, der gemeinsam mit Catherine Bach, die zusammen mit Marilu Henner im Lamborghini unterwegs ist, in der TV-Serie »The Dukes of Hazard« spielte. In der ging es auch vorwiegend um Autorennen und Stunts. Nachdem Frank Sinatra gehört hatte, dass seine beiden langjährigen Kumpel Dean Martin und Sammy Davis jr. viel Spaß beim ersten Teil hatten, sagte er spontan zu, auch einen Auftritt zu übernehmen, reiste im eigenen Flugzeug an und brachte auch eines seiner Autos mit, einen 1984er Dodge Daytona Turbo Z. Was für eine Geste. Nach einem Drehtag war aber er auch schon wieder weg. Es war seine letzte Spielfilmrolle. Danach

Fliegendes Product Placement: Der Gründer von »Hawaiian Tropic« platzierte diesen Schriftzug im Film.

HAWAIIAN TROPIC

folgten lediglich Gastauftritte in TV-Serien. Es war auch der letzte Auftritt eines schwarzen Porsche 928. Ein Bigfoot Monster Truck rollt darüber hinweg. Der Porsche gehörte Hal Needham.

»Auf dem Highway ist die Hölle los« wurde zu einem weltweiten Erfolg. Bei einem Budget von 16 bis 18 Millionen Dollar, kam am Ende ein Kino-Einspielergebnis von 160,1 Millionen Dollar zusammen. So war klar, dass es Überlegungen gab, eine Fortsetzung zu drehen. Die kam drei Jahre später in die Kinos – wenn auch mit einer weniger prominenten Besetzung. Die Idee variierte kaum – die Strecke allerdings schon. Dieses Mal ging es von Connecticut nach Kalifornien und Scheich Falafel (wiederum im Rolls-Royce) bietet eine Prämie von einer Million Dollar für den Sieger an. Er ruft die Highwayraser unter dem Motto »Sei ein Sportler« zum Wettbewerb auf. Aber sportlich fair geht es auch dieses Mal nicht zu, zumal sich eine Mafiagang ebenfalls an dem illegalen Rennen beteiligt. Das Budget stieg auf je nach Quelle 20- oder 39 Millionen Dollar.

NEUE STRECKE, KAUM NEUE IDEEN: »AUF DEM HIGHWAY IST WIEDER DIE HÖLLE LOS« (1983).

Immerhin 56,3 spielte er allein an den Kinokassen ein. Neu dabei war ein autofahrender Affe, ein lilafarbener Dino 246 GTS (Kennzeichen: DL 7154 – im Gegensatz zu einem bronze/nocciala-farbenen Wagen im vorherigen Film), ein grüner 1977er-911 Targa mit Heckflügel, in den Front- und Rückleuchten vom 928 verbaut wurden, ein gelber Nova Sterling, ein schwarzer 1981er-Willow Kit Car sowie wiederum ein roter Ferrari 308 GTS. Der wird aber dieses Mal nicht von Dean Martin und Sammy Davis jr. gefahren. Die beiden sind diesmal in einer roten Corvette C 4 unterwegs.

Bond-Anspielungen gab es auch wieder. Nachdem Roger Moore abgesagt hatte, was er später bereute, wurde Richard Kiel, sein Gegenspieler »Beißer« aus dem 007-Film »Der Spion, der mich liebte«, verpflichtet. In einer Szene rast er gemeinsam mit Jackie Chan in einem schwarzen 1983er Mitsubishi Starion in einen See, was sehr an eine Bond-Szene erinnert. Der fuhr dort unter Wasser weiter, wirft Ballast und sondert Öl ab. Sogar ein Periskop ist an Bord.
Ein Fan der Marke rettete den fast völlig zerstörten Wagen und restaurierte ihn (Kennzeichen: 84-96). Er ist wieder straßentauglich – nur tauchen kann er immer noch nicht. Außerdem gab es eine Szene, in der ein Helikopter versucht, einen Rolls-Royce via Magnet von der Straße zu liften. Das war einer der Clous von »Man lebt nur zweimal« (1967) – und funktionierte damals auch. Obwohl er die beiden »Cannonball Run«-Filme

Frank Sinatra (ganz rechts) neben Dean Martin, Sammy Davis jr. und Shirley MacLaine. »Ol' Blue Eyes« hatte nur einen Drehtag – brachte aber dennoch ein Auto mit.

geschrieben hatte, wurde Hal Needham nicht mit ihnen warm: Er hatte sie für Steve McQueen und Paul Newman geschrieben, »nicht für Burt Reynolds.«

»DAS CANNONBALL-RENNEN IST GESTORBEN«

Dass die beiden vorherigen »Cannonball«-Filme jeweils mit einem Lamborghini Countach begannen, ist kein Zufall. Nicht verwunderlich also, dass auch in dem dritten Film mit dem Titel »Speed Zone« aus dem Jahr 1989 die italienische Flunder als Erstes zu sehen ist. Eine echte Fortsetzung ist es jedoch nicht, auch wenn der deutsche Verleih versuchte, das Publikum mit dem Titel »Cannonball Fieber – Auf dem Highway geht's erst richtig los« in die Kinos zu locken. Dieses Mal geht es von Washington D.C. zum Santa Monica Pier in Kalifornien, auch wenn der größte Teil des Rennens in Kanada entstand. Die Story dreht sich um einen übereifrigen Polizisten, der sich mal mehr, mal weniger erfolgreich darum bemüht, das Ganze zu stoppen. Doch seine Worte »Das Cannonball Rennen ist gestorben« sehen die Teilnehmer anders. Sie werden zwar verhaftet, aber Ersatzfahrer rasen dennoch los. Keiner der Macher der vorherigen Filme ist mit dabei und nur einer der Akteure. Selbst Burt Reynolds, dem dieses Mal noch mehr Geld geboten wurde, sagte ab. Die Fahrzeuge sind erneut illuster. Dazu zählt noch ein weiterer Lambo, wenn auch in Schwarz. In allen Fällen kamen sowohl Originale als auch Repliken zum Einsatz. Die Firma Armstrong Motor Works baute allein drei Stück für den Film. Einer davon hüpft sogar wie ein flacher Stein über einen See … Der rote Wagen, der eingangs zu sehen ist, gehörte John Schneider und wurde auch von ihm gefahren, auch wenn der Autofan ihn in einem Interview mal als

»Albtraum« beschrieb. Mit dabei war auch ein schwarzes Ferrari Daytona Cabrio, wenn auch eine von Thomas W. McBurnie und dessen Firma Coachcraft in Santee, Kalifornien gebaute Replik. Die Basis war eine Chevrolet Corvette C 3. Nach verschiedenen Quellen kam der Wagen zuvor bereits in den ersten drei Staffeln der TV-Serie »Miami Vice« zum Einsatz. Außerdem gehören ein rotes Bentley Continental Cabrio, zwei Porsche 928 und ein silberner BMW 735i (E32) zum Teilnehmerfeld, wobei letzterer mal mit hoher Geschwindigkeit rückwärtsfährt und durch die Luft fliegt. Ein 750iL diente als Double. Bei der Landung des BMW gehen die Warnblinker und die Innenbeleuchtung an. Diese Features, und die automatisch entsperrten Türen, wurden zum allerersten Mal in die 7er-Reihe von BMW eingebaut.

»EIN PAAR SCHRAUBEN LOCKER«

Danach war der Cannonball Run – zumindest auf der Leinwand – tatsächlich gestorben. Das ursprünglich erdachte Rennen gibt es immer noch. Es wird nun von Brock Yates jr. organisiert, nennt sich »Tire Rack One Lap of America«, ist aber anders gestaltet. Inzwischen stehen die Vorbereitung der Wagen und deren Durchhaltevermögen im Mittelpunkt. Es dauert eine Woche und besteht aus zehn Prüfungen. Das erwirtschaftete Geld kommt wohltätigen Organisationen zugute. Brock Yates Senior, sagte später rückblickend in Interviews: »In den drei Jahren, in denen wir das Rennen veranstalteten, fuhren 54 Autos 160.000 Meilen mit einer Durchschnittsgeschwindigkeit von 70 Meilen pro Stunde, und wir hatten nur einen wenig verbogenen Kotflügel und keinen Verletzten. Ich denke, dass wir bewiesen haben, dass die Geschwindigkeitsbegrenzung von 55 Meilen absolut nicht durchsetzbar ist. Vorteile sind nicht zu beweisen.«

Viele Jahre lang betrieb er in Wyoming, im US-Bundesstaat New York, das Restaurant »The Cannonball Run Pub«, das seit dem Jahr 2006 geschlossen ist. Dennoch wird es einmal im Jahr geöffnet, wenn die Cannonball Teilnehmer sich dort zu einem Wiedersehen treffen. Yates, der sich sein Leben lang abfällig über Sicherheitseinrichtungen wie Airbags, Stoßstangen und sogar Sicherheitsgurte geäußert hatte, starb am 5. Oktober 2016 im Alter von 82 Jahren. Nach Ansicht seines Freundes Oscar Koveleski, der ihn in einem Nachruf würdigte, hatte er »ein paar Schrauben locker.«

Falsch abgebogen oder verflogen? Gespart wurde nicht am Materialeinsatz. Die Las Vegas Express-Maschine ist ein für den 1989er-Film umgebauter Dummy auf Basis eines Propellerflugzeugs des Typs Convair-240.

KAPITEL 4

»WENN ICH KEIN SCHAUSPIELER GEWORDEN WÄRE, WÄRE ICH GERNE RENNFAHRER GEWORDEN«

»WENN ICH KEIN SCHAUSPIELER GEWORDEN WÄRE, WÄRE ICH GERNE RENNFAHRER GEWORDEN« – JAMES GARNER UND SEINE AUTOS

»Ich bin nur ein weiterer Rennfahrer, der dazu gezwungen wird zu schauspielern, um so meinen Lebensunterhalt zu verdienen«, sagte James Garner mal nach einem Rennen auf dem Charlotte Speedway, bei dem er selbst am Steuer saß. Golf zu spielen und Rennen zu fahren waren seine größten Leidenschaften. Letzteres hatte er dem Film »Grand Prix« zu verdanken. Seine Begeisterung für die Geschwindigkeit äußerte sich in vielfältiger Form. Dazu zählen auch eine Reihe von sehr speziellen Fahrzeugen, die er im Laufe seines Lebens fuhr.

Der am 7. April 1928 im amerikanischen Norman, südlich von Oklahoma City geborene James Scott Bumgarner hatte keine einfache Kindheit. Seine Mutter Mildred starb als er fünf Jahre alt war. Sein Vater Weldon Warren war der Erziehung nicht gewachsen. James und seine beiden Brüder kamen zu Verwandten. Später wechselten die Stiefmütter und es kam zu körperlichen Züchtigungen. Die Tortur endete erst, als James 14 Jahre alt war und sie bei einer Auseinandersetzung niederschlug. Sie ging und kam nie wieder. Kurz danach bekam er seinen Führerschein, aber Auto fuhr er schon zuvor: »Ich begann zu fahren, als ich zehn Jahre alt und groß genug war, um an die Pedale zu kommen.«

Während seiner Jugendzeit fuhr er nach eigenen Aussagen »illegale Rennen in heißen Autos« und jobbte auf Hühnerfarmen, als Bademoden-Modell, an Tankstellen, als Trucker und angestellter Fahrer. Er wurde von einem Vertreter der Marke Curley Clothes

Garners zweites Auto war ein dunkelblaues Mercury Coupé.

engagiert, ihn durch Texas zu fahren. »Ich war eine Mischung aus Chauffeur, reisender Sekretär und Babysitter«, so Garner. Später gestand er auch, dass er sowohl in seiner Heimat, als auch ab 1945 in Los Angeles viel Unsinn angestellt und sich auch an Straßenrennen beteiligt habe. »Autos waren ein Luxus und eine Notwendigkeit. Im Alter von 13 oder 14 Jahren spielten wir ‚ditch em'. Wir stellten sechs oder acht Wagen in einer Reihe auf, und der erste der abfuhr, versuchte die anderen abzuhängen. Wenn ich in der Stadt einen schönen Wagen fand, schlich ich mich dahinter, tippte seine Stoßstange an und das Rennen startete. Als das Benzin im Zweiten Weltkrieg rationiert war, stahlen wir es. Mitten in der Nacht schlichen wir uns zu den Wagen und schöpften ein paar Liter ab. Wir hatten Spaß und niemand wurde verletzt, weil alle gute Fahrer waren – zumindest dachten wir das. Vielleicht hatten wir auch einfach nur Glück.«

EINE CORVETTE ALS GESCHENK

Sein erster Wagen war ein graues 1952er Dodge Coupé, das er einmal so bezeichnete: »Es war nicht gerade ein rollendes Desaster, aber es war hässlich. Ich kaufte den Wagen mit dem Ausmusterungsgeld,

Auf den Mercury folgte ein zweitüriges 1956er Plymouth Fury Hardtop Coupé.

James Garner und Natalie Wood in »Eine Frau für zwei Millionen« (1960).

das ich von der Armee bekommen und dem, was ich bei einem Pokerspiel auf einem Schiff auf dem Rückweg von Korea gewonnen hatte.« Er diente bis Mitte 1953 im Koreakrieg. In dem Dodge machte er seiner zukünftigen Frau Lois Fleischman Clarke bei einem Stopp auf dem Mulholland Drive in Los Angeles auch einen Heiratsantrag. Sie heirateten am 17. August 1956. Nach Auftritten in Broadway-Produktionen und TV-Werbespots, wurde er ab 1957 dank der Western-Serie »Maverick« bekannt. Als Vertragsschauspieler von Warner Brothers hatte er ein Jahr zuvor seinen Namen in »Garner« geändert und verdiente 2.000 Dollar pro Woche. Nach dem Dodge besaß er einen dunkelblaues Mercury Coupé, das es von 1949 bis 1951 gab. Er mochte den Wagen sehr und sprach gerne darüber. Es folgte ein zweitüriges 1956er Plymouth Fury Hardtop Coupé in einer creme und goldfarbenen Lackierung, dessen Verkauf er später bereute: »Es war ein sehr cooles Fahrzeug«. Der Grund war ein Geschenk des Fernsehsenders ABC. Der Sender verlangte zunächst, dass er ohne Gage in der damals sehr populären »Pat Boone Chevy Showroom Show« auftreten sollte, doch Garner lehnte ab. Man einigte sich schließlich doch. Zusätzlich zu seiner Gage von 2.500 Dollar bekam er eine schwarze 1959er Corvette – steuerfrei. »Ich wünschte, ich hätte die immer noch«, kommentierte er später.

Als Garner zu der Premiere des Films »West Side Story« eingeladen war, die am 13. Dezember 1961 in Los Angeles stattfand, wollte er gerne mit seiner Frau in einem passenden Wagen vorfahren. Er

nannte seinen eine »alte Klapperkiste«. Also fragte er bei seiner Kollegin Natalie Wood nach, mit der er im Jahr zuvor die Komödie »Mister McCall« gedreht hatte.

Garner mit Ehefrau Lois und Tochter Gigi auf dem Arm, dahinter das Plymouth Fury Coupé.

Der britische Rennfahrer Jim Russell im Gespräch mit Garner während der Dreharbeiten zu »Grand Prix« 1966.

Sie lieh ihm ihren Cadillac. Ab dem Jahr 1963 waren Leihwagen nicht mehr nötig, denn Garner hat mit Filmen wie »Gesprengte Ketten«, »Getrennte Betten«, »Eine zuviel im Bett« und »Grand Prix« mehrere Kinohits hintereinander, so dass er sich eine Reihe von exklusiven und teuren Autos leisten konnte – und das tat er auch. Dazu zählten ein blauer Ferrari 330 GTS von dem nur 99 (andere Quellen: 100) Stück gebaut wurden, mehrere Ford Mustangs und Jaguars sowie zwei Minis.

Die offene Version des Ferrari 330 GTC

wurde sieben Monate nach dem Coupé im Oktober 1966 auf dem Pariser Autosalon vorgestellt und dank der stilistisch hervorragenden Gestaltung von Pininfarina sofort gefeiert. Als er im folgenden Jahr auf den Markt kam, war Garner umgehend infiziert, erwarb seinen in der Farbe blu chiaro metallizzato (hellblaumetallic) und wurde damit schon im März bei den Dreharbeiten zu der Westernkomödie »Auch ein Sheriff braucht mal Hilfe« auf der Golden Oak Ranch nahe Santa Clarita, rund 40 Kilometer nördlich von seinem Haus in Brentwood, gesehen. Leider währte der Spaß im 300 PS starken Zweisitzer nicht lange, denn entweder 1969 oder 1970 verunfallte er auf dem regennassen Sunset Boulevard auf dem Weg von Brentwood nach Beverly Hills und verursachte damit einen Totalschaden. Dass er den Wagen weitgehend unverletzt verließ, grenzt an ein Wunder.

»ICH LIEBTE DIESEN KLEINEN WAGEN, WEIL MAN DAMIT ALLES MACHEN KONNTE.« – GARNER ÜBER SEINEN MINI

»BRENTWOOD GRAND PRIX« IM MINI

Durch einen anderen Unfall verlor er auch einen Mini – ohne selbst darin zu sitzen. Den ersten dunkelblauen Mini Morris S mit silbernem Dach, Webasto Sonnendach und Spezialfelgen, erwarb er während der Dreharbeiten von »Grand Prix«. Er wurde von dem bekannten Londoner Veredler Harold Radford umgebaut, wie auch die vier Minis der Beatles (siehe: Motorlegenden – The Beatles). Während der Dreharbeiten von »Gesprengte Ketten«, die von Juni bis Oktober 1962 ausschließlich in Bayern stattfanden, lernte er den schon damals autobegeisterten Renn- und Mini-Fan Steve McQueen kennen. Dort saß er auch mal hinter ihm auf einem Wehrmachts-Motorradgespann– mit James Coburn im Beiwagen. 1963 zog McQueen in ein Haus am 27 Oakmont Drive im Stadtteil Brentwood in Los Angeles. Garner wurde drei Jahre später sein Nachbar: Nummer 33 Oakmont Drive. Immer mal wieder lieferten sich die beiden auf den Straßen in ihrer Umgebung Rennen und nannten diese den »Brentwood Grand Prix«. »Wir fuhren mit den Minis unsere Straßen rauf und runter«, so Garner im »Car & Driver« Magazin. »Ich liebte diesen kleinen Wagen, weil man alles damit machen konnte.« Den ca. 1,90 Meter großen Garner (die Angaben schwanken zwischen 1,90 und 1,92) störten auch die kleinen Maße des Minis nicht. Er posierte gerne für Fotos damit, schaute, wenn es nicht anders ging, auch mal oben

Garner am Steuer seines Jaguar E-Type.

aus dem Webasto Dach heraus und hielt seinen linken Arm heraus, wenn er irgendwo abbog. Er behielt ihn bis Anfang der 80er-Jahre und bedauerte, dass er ihn verlor. Dieser Umstand ist einem potenziellen Käufer zu verdanken, der ihn bei einer Probefahrt auf dem Mulholland Drive (andere Quellen: Victoria Boulevard in Reseda) zu Schrott fuhr.

Es blieb nicht sein einziger Mini. Im Jahr 2002, ein Jahr nachdem BMW das Sagen bei dem britischen Autobauer übernommen hatte, erwarb Garner einen weiteren Mini in blaumetallic (Indi Blue) und ließ ihn etwas tunen. Dazu zählten abgedunkelte Scheiben und das personalisierte Kennzeichen: ROKFISH. Den Wagen behielt er bis zu seinem Tod. Garners Engagement bei dem Film »Grand Prix« führte zu einer Begeisterung, die man später durchaus als Obsession für Autorennen bezeichnen kann. Seine Tochter Gigi teilte sie gar nicht: »Ich war acht Jahre alt, als er ´Grand Prix` drehte. Mir war nicht klar, wie gefährlich das war, was er dort tat. Ich wusste nicht, wie furchtlos er war. Sie mussten alles aus den Formel-1-Wagen herausnehmen, damit er hineinpasste. Er hatte nur einen dünnen Lederstreifen unter sich, damit er so aussah wie ein Sitz aus der Formel 1, aber es gab keine Polsterung.« Ihren Vater störten die Sorgen der Tochter nicht. Im Gegenteil. »Wenn ich kein Schauspieler geworden wäre, wäre ich gerne Rennfahrer geworden«, wird er später von dem Autor Matt Stone zitiert. Nach »Grand Prix« trieb er seine Rennfahrerkarriere voran. Von 1967 bis 1969 war er, neben Bob Bondurant, der bei dem Frankenheimer-Film als Berater dabei war, und ihm das Rennfahren beibrachte, sowie Nick Guldstrand, Mit-Eigentümer des Rennteams »American International Racing« (AIR). Das AIR Team war mit zwei blauen Lola T70 Mk3 GT-Chevrolet Sportwagen aktiv, aber Garner fuhr nicht selbst. Er fuhr allerdings einen davon eine Zeitlang auf den Straßen

Garner vor dem von Vic Hickey konzipierten Banshee (oben) und zusammen mit seinem Ferrari 330 GTS (unten).

Im Gespräch mit NBC News-Moderator Bryant Gumbel in Indianapolis am 23. Mai 1985.

von LA, aber »die Scheinwerfer waren zu niedrig – total gegen das Gesetz«, so Garner. 1968 fuhr Garner erstmals in einem Meyers Manx mit Porsche Motor beim 711 Meilen langen Off-Road Rennen, dem sogenannten »Stardust 7-11« in Las Vegas mit. Einer der 141 Teilnehmer war ein gewisser Steve McQueen. Einer der Lola T70 (Chassis Nr.: SL73/131) wurde im Mai 2022 in Kalifornien angeboten – für 595.000 Dollar.

»BIN ICH VERRÜCKT?«

Ebenfalls 1968 fuhr er mit dem früheren Porsche Werksfahrer Scooter Patrick beim »NORRA Baja 1000« Rennen in Mexiko in einem von dem bekannten Autodesigner Bill Stroppe erschaffenen Ford Bronco mit. Der baute auch Broncos für George Harrison – und Steve McQueen. In seiner Autobiografie erwähnt Garner seinen Kollegen und Nachbarn nicht, aber ein Missgeschick, über das er sich ärgerte: Bei der Rallye sicherte er sein Werkzeug nicht. Das flog im Heck hin und her und ruinierte die ganze Lackierung. Sein eiserner Wille, das Rennen durchzustehen, und seine

Fähigkeit, bei technischen Problemen Lösungen zu finden in dem er improvisierte, kam bei den Konkurrenten gut an, so Bob Bondurant, der auch mitfuhr: »Danach respektierten ihn die anderen Fahrer. Der Film entzündete seine Leidenschaft für den Wettbewerb. Er wollte sich selbst beweisen, was er kann und war vernarrt.« Als er 2012 von dem Magazin »Car & Driver« befragt wurde, was sein größter Rennerfolg war, antwortete er: »Ich war immer froh, ins Ziel zu kommen und glücklich, häufiger dort anzukommen als nicht. Rennen zu fahren steckt voller Enttäuschungen, und ich erlebte auch meine, aber ich denke nicht allzu sehr darüber nach.«

1969 produzierte der vielseitige Akteur gemeinsam mit Regisseur Andy Sidaris die Dokumentation »The Racing Scene«, die 1970 auch in die Kinos kam – und in Deutschland den zweifelhaften Titel »Heiße Reifen, schöne Mädchen« trug. Darin fährt er zunächst in einer hellgelben Corvette (Kennzeichen: WAP 902) durch LA, kommentiert den Straßenverkehr sowie seine Rennleidenschaft. Danach ist er in einem Ford Bronco zu sehen in dem er sich mit Scooter Patrick auf eine 850 Meilen lange Rallye von Ensenada, Mexiko nach La Paz, Bolivien begibt und sich selbst die Frage stellt, ob er »verrückt« sei. Die Antwort? Er nickt.

Der Film begleitete Teams bei den Rennen in Le Mans, Daytona und Sebring. Garners AIR Team trat mit Chevrolet Corvettes L88 Competition Convertibles bei den Langstreckenrennen an. Drei in »Le Mans Blue« lackierte Wagen wurden im November 1967 von der Fabrik in St. Louis nach Kalifornien gebracht und die Motoren von Travers & Coons für die Rennen präpariert. Zwei Wagen wurden in Daytona angemeldet, belegten Platz 1 und 2 bei der Qualifikation, hielten

»ICH SPIELE MICH SELBST. BRET MAVERICK IST FAUL. ICH BIN FAUL. UND ICH MAG ES, FAUL ZU SEIN.«
– JAMES GARNER ÜBER SEINE ROLLE ALS BRET MAVERICK

die lange Strecke aber nicht durch. Bei Wagen 45 (VIN 194678S405120) ging die Zylinderkopfdichtung kaputt, bei dem anderen (Nr. 44) das Differential. Für das Rennen in Sebring wurden sie erneut präpariert, doch dann entschied man sich für zwei blaue Lola T70 MK II Coupés. Der dritte Wagen (VIN 194678S405186) diente nur Promotionszwecken. Nummer 44 (VIN 194678S405175) wurde am 15. August 2008 von Bonhams in Carmel, Kalifornien versteigert und erzielte 744.000 Dollar.

Später tat sich Garner mit dem Off Road Autodesigner Vic Hickey zusammen. Der konzipierte mehrere von Garners Oldsmobile 442, die für Rallyes abseits asphaltierter Straßen geeignet waren und »The Grabber« genannt wurden. Das wildeste Gefährt, das er bändigte, war ein 500 PS starker Banshee, ein Oldsmobile Cutlass mit einem 455ci V8 auf dem Beifahrersitz, damit er die Sprünge besser überstand. Selbst die immense Hitze und die ohrenbetäubende Lautstärke schreckten Garner nicht ab.

IM PACE CAR BEI DEN INDY 500

Ein weiteres Renn-Engagement äußerte sich in einem dreijährigen Vertrag mit AMC (American Motor Corporation). Von 1969 bis 1972 sponserte die Firma

Im Chevrolet Camaro Pace Car auf dem Daytona International Speedway zum Start der 24 Stunden von Daytona am 3. Februar 1968.

Als Jim Rockford in der Serie »Detektiv Rockford – Anruf genügt.«

zehn Fahrzeuge vom Typ SC/Rambler für die »Baja 500« Rennen, von denen fünf das Ziel erreichten. Garner selbst saß allerdings nicht am Steuer, freundete sich im Laufe der Zeit aber mit Paul Newman an, der 1969 und 2004 bei der Baja 1000 mitfuhr. In den Jahren 1975, 1977 und 1985 wurde Garner die große Ehre zuteil, bei den Indy 500 Rennen in Indianapolis das Pace Car zu fahren. Insgesamt war er etwa 40-mal dort Gast, so seine Tochter Gigi: »Wir waren nicht nur in Indianapolis, sondern auch in Riverside und auf dem Ontario Motor Speedway, und er war auch bei kleineren Veranstaltungen. Wenn er die Zeit hatte, zu Rennen zu fahren, fuhr er.« Zwischen Februar und April 1972 besuchte er Steve McQueen bei den Dreharbeiten des Films »The Getaway« von Sam Peckinpah in San Antonio, Texas. Er tat McQueens Double Luis Delgado einen Gefallen und brachte ihm einen Van. Als dort gerade eine Action-Sequenz entstand, setzte er sich sogar selbst in einen orangefarbenen Käfer und fuhr mit. Sein Lohn: ein Dollar. Garners späterer Kommentar: »Mir hat das so viel Spaß gemacht, ich hätte auch Peckinpah bezahlt.«

1978 wurde Garner in die »Off-Road Motorsports Hall of Fame« aufgenommen – ebenso wie Steve McQueen. Ob sie dort aufeinandertrafen, ist nicht dokumentiert. 1986 wurde Garner außerdem zusätzlich in der Oklahoma Hall of Fame verewigt. Ein Jahr später kündigte der inzwischen 61-Jährige an, zusammen mit seinem Partner Larry Hill ein Rennteam aufzubauen. Sie wollten 1988 in der Indy Racing League mitfahren. Daraus wurde allerdings nichts mehr. Er warb zwischen 1985 und 1989 noch in Radio- und TV-Spots für Mazda, bekam dafür nicht nur eine Gage von einer Million Dollar pro Jahr, sondern pro Jahr auch ein Auto seiner Wahl. Er wählte drei RX-7 und einen Truck. 2002 warb er in einem Chevy Tahoe Commercial für Chevrolet.

EIN GESCHENKTER PONTIAC FIREBIRD BEI JEDER NEUEN »ROCKFORD«-STAFFEL

Es waren nicht die einzigen Fahrzeuge, die er gratis bekam. Bereits in den 60er-Jahren verdiente er 150.000 bis 250.000 Dollar pro Film. Die TV-Serie »Detektiv Rockford – Anruf genügt« (The Rockford Files), die von 1974 bis 1980 im US-Fernsehen lief, brachte ihm nicht nur 100.000 Dollar pro Folge ein (es entstanden 123 Folgen), sondern zu Beginn jeder neuen Staffel bekam er einen der goldfarbenen (copper mist) Pontiac Firebird Esprit spendiert. Nur die Wagen der letzten beiden Staffeln lehnte er ab – ihm gefiel die neue Front nicht. In der Serie machte er viele Stunts selbst – auch die berühmte Rockford-Wende, eine 180 Grad Drehung auf der Straße.

Letztlich stieg er aus gesundheitlichen Gründen aus der Serie aus. Hinzu kam ein unangenehmer Zwischenfall am 16. Januar 1980 auf dem Coldwater Canyon Boulevard in Los Angeles. Ein anderer Fahrer fuhr auf seinen Wagen auf. Als der flüchten wollte, stoppte der stunterfahrene Garner dessen Wagen. Es kam zu einem Handgemenge bei dem Garner von dem Mann einen Schlag ins Gesicht und Tritte in die Brust abbekam, beraubt wurde und mit einem gebrochenen Steißbein in das Cedars-Sinai Hospital eingeliefert wurde. Dort verbrachte er drei Tage. Der Angreifer musste für 100 Tage ins Gefängnis, 500 Dollar Strafe sowie Garners Behandlungskosten bezahlen.

Von 1974 bis 1980 spielte Garner die Rolle des Jim Rockford, es entstanden 126 Folgen in sechs Staffeln. Dienstfahrzeug: Ein goldener Pontiac Firebird.

James Garners letztes Auto, das er selbst fuhr, war ein Cadillac CTS von 2009 in der Sonderfarbe »Black Cherry«, einer Art Dunkelrotmetallic. Auch der Wagen trug ein besonderes Kennzeichen, und zwar MAV ROCK (eine Mischung aus den Namen seiner Charaktere aus den beiden TV-Serien »Maverick« und »Rockford«. Außerdem befanden sich die Initialen JG auf der Fahrertür und LG für seine Frau Lois auf der Beifahrerseite. Als Extras fielen die polierten 19-Zoll-Chromfelgen von Lorenzo, abgedunkelte Scheiben und ein verchromter Frontgrill auf. Dezent geht anders. Seine Tochter Gigi ließ den Wagen 2022 versteigern, um die Einnahmen der Tierhilfe, dem »James Garner Animal Rescue Fund«, zugutekommen zu lassen. Er erzielte erstaunliche 100.000 Dollar. Weitere persönlichen Dinge wurden vom 15. bis zum 18. Juli 2022 von »Julien's Auctions« versteigert. Dort kam auch einer seiner Helme unter den Hammer, den er bei der Baja 1000 trug. Er erzielte 2.240 Dollar. Ein goldfarbener Ferrari Schlüsselring erlöste 1.280 Dollar und sein Führerschein von 1984 immerhin 2.560 Dollar.

MINI GRAND PRIX IM HOTEL

Eines Tages überraschte James Garner seine Tochter Gigi bei Dreharbeiten mit einem ganz besonderen Spiel. In seiner Hotelsuite stand eine Autorennbahn. »Er hatte den sorgfältig aufgebauten Hinderniskurs unter den Möbeln und um sie herumgebaut«, so Gigi. »Ich glaube nicht, dass die armen Hotelmitarbeiter sehr erfreut über unseren Mini Grand Prix waren, aber wir genossen jede Sekunde davon. Wir mussten ständig zum Spielzeugladen laufen, um weitere Autos zu kaufen, weil wir sie andauernd beanspruchten.«

KAPITEL 5

»ICH MOCHTE SPORTWAGEN SCHON IMMER«

James Coburn war Athlet, Buddhist und Sportwagenfan.

»ICH MOCHTE SPORTWAGEN SCHON IMMER« – JAMES COBURN UND SEINE AUTOS

»Ich vergesse niemals den Klang, wenn mein Vater mit dem Ferrari California die Tower Road hochkam«, so Coburns 1961 geborener Sohn James H. Coburn IV. »Es war einzigartig, und man konnte den Klang im ganzen Canyon hören. Meine schönsten Erinnerungen sind, wenn wir zu Dolores gefahren sind, um einen Double Decker Jim zu essen. Wir sind mit seinem Wagen dahingefahren. Dolores war ein Drive-in-Restaurant an der Ecke La Cienega Boulevard und Wilshire Boulevard. Wir fuhren in dem Ferrari California vor, der kein Dach hatte, und nahmen im Auto Malzbier, Burger und Fries zu uns.« Diese Hommage an die Autoleidenschaft von James Coburn (laut Geburtsurkunde: James Harrison Coburn III) verfasste sein Sohn für das Vorwort der auf Band gesprochenen Memoiren, die dessen Frau Robyn L. Coburn niederschrieb und 2021 unter dem Titel »Dervish Dust: The Life and Words of James Coburn« veröffentlichte. Darin wird deutlich, was für ein leidenschaftlicher Sportwagenliebhaber ihr Schwiegervater war. Seine Leidenschaft begann Anfang der 60er-Jahre und die Dreharbeiten zu einem in

Drei Autofans auf einem Motorrad: James Coburn, James Garner und Steve McQueen in »Gesprengte Ketten«.

Deutschland gedrehten Film waren dafür entscheidend.

EINE FAMILIE VON AUTOHÄNDLERN UND AUTOMECHANIKERN

James Harrison Coburn III wurde am 31. August 1928 in Laurel im US-Bundesstaat Nebraska geboren. Er wuchs mit Fahrzeugen und Fahrzeugtechnik auf. Sein Großvater Daniel Dutton Coburn war ab 1911 als Autohändler erfolgreich und verkaufte Ford-Fahrzeuge. Sein Vater, James Harrison Coburn Senior, begann 1921 als Automechaniker bei Ford, wurde Chef einer Autowerkstatt und später der Manager der Coburn Motor Company. Die Firma verkaufte Ford Model A und Fordson Traktoren. Leider musste sie, ausgelöst durch den großen Börsencrash im Oktober 1929 und die daraufhin folgende große Depression im Januar 1933, schließen.

So beschloss die Familie es in Kalifornien zu versuchen. Im März 1935 packte sie ihr Hab und Gut auf einen 1931 gebauten Ford Model A und zog mit ihm und einem zweirädrigen Anhänger los. Sie traten die knapp 2.500 Kilometer lange Reise zu Emanuel Coburn, dem Bruder seiner Mutter Mylet, an. Er war ebenfalls Automechaniker. Harrison Coburn fand einen Job in einer Autowerkstatt.

Später kaufte er gemeinsam mit einem Partner eine Tankstelle in Long Beach, doch mit dem gab es Ärger, sodass er wieder als Mechaniker arbeitete.

Der damals siebenjährige James wuchs überwiegend im kalifornischen Compton auf, rund zehn Meilen südlich von der Innenstadt von Los Angeles. Zur Schule kam er entweder zu Fuß oder mit seinem Fahrrad. Gebracht oder abgeholt wurde er nie. Als Jugendlicher hatte er einen Job im Tower Theatre am Long Beach Boulevard, ging dort sehr häufig umsonst ins Kino und wurde zum Filmfan. Er mochte Errol Flynn und Mickey Rooney und träumte davon, Schauspieler zu werden.

»ICH MOCHTE SPORTWAGEN SCHON IMMER«

Sein erster eigener Wagen war ein Ford Model A mit einem ´29er Body, ein sogenannter »Winfield Roadster«, aus der Schmiede des amerikanischen Autotuners Gene Winfield, der 1946 seinen ersten »Custom Shop« im kalifornischen Modesto eröffnet hatte. Er kaufte den Wagen von einer älteren Dame für 125 Dollar, deren Sohn zur Armee ging. James Coburn eignete sich technische Kenntnisse an, die ihm bei der Modifizierung des Wagens halfen – zumindest zum Teil: »Als ich ihn auseinander baute, wusste ich nicht, wie ich die Ventile einstellen musste«, so

Coburn in »…jagt Dr. Sheefer« (1967) auf einem seltenen Amphicar, einem Wagen der auch schwimmen konnte.

Coburn. »Ich bat meinen Vater mir zu helfen, aber dem war das egal. Du hast ihn auseinandergenommen, also baue ihn auch wieder zusammen, hat er zu mir gesagt. Ich fand dann jemand anders, der mir geholfen hat.« Später gestand er, dass er, ausgerüstet mit einem Fallstrom-Vergaser und einem V8-Verteiler »sehr schnell« war und viel und gerne Rennen damit gefahren ist: »Ich war ein Sportwagen-Typ. Ich mochte Sportwagen schon immer.«

Seine Möglichkeit schnelle Autos zu fahren, fand im September 1950 ein jähes Ende, denn der gerade 22 Jahre alt gewordene Mann wurde eingezogen. Er war zunächst in Fort Hood in Texas, danach in New Orleans und kam per Schiff über England nach Bremerhaven. Später diente er außerhalb von Mainz als Funker in der Artillerie und war in Wiesbaden, Mannheim, Bad Kreuznach und Heidelberg. Seine Transportmittel waren Jeeps, Armeelaster und ein Mercedes Cabrio. Er war mit der schottischen Sängerin Helen Mack liiert und fuhr sie

Coburn in der ABC-Fernsehshow »The American Sportsman«.

Der Film »Die glorreichen Sieben« machte Coburn weltbekannt, obwohl er nur wenige Textzeilen hatte.

darin zu ihren Auftritten. Von dem deutschen Hersteller besaß er später mehrere Wagen. Im September 1952 ging es nach Los Angeles zurück, wo er das Compton Junior College, das LA City College und die Schauspielklasse der University of Southern California (USC) besuchte. Dort begegnete er dem Kollegen Robert Vaughn, mit dem er später mehrfach vor der Kamera stand. Sie wurden Freunde fürs Leben.

UNFÄLLE UND ELEGANZ: ESSEX, JAGUAR, MORGAN

1953 spielte Coburn am Los Angeles City College in dem Musical »Heads I Win« über Heinrich VIII. Während dieser Zeit wurde er in einen Autounfall verwickelt, den er nur mit viel Glück heil überstand. »Dieser alte Kerl in seinem Cadillac scherte direkt vor mir ein, erwischte die Front von meinem 41er Chrysler und riss sie weg«, so Coburn. »Ich stieg aus meinem Wagen, schaute mir die Front an und wusste, dass das Ende von meinem Auto ist. Ich nahm die Stoßstange in die Hand, schmiss sie weg, und sie blieb direkt an einem Telefonmast stehen. Der betrunkene Mann gab mir seine Visitenkarte, sagte ich sollte seinen Anwalt einschalten und fuhr davon.

Ich war stinksauer. Mein alter Wagen hatte keinen besonderen Wert außer für mich. Es kam zu einer Einigung, und ich bekam gerade mal 200 Dollar. Damit ging ich nach Beverly Hills und kaufte mir einen Anzug mit mehreren Hosen und Hemden. So begann meine Leidenschaft für Eleganz.« Die Leidenschaft für Autos musste noch warten. Nach dem Unfall machte sich der aufstrebende Schauspieler mit seinem Studienkollegen Antony Carbone und zwei jungen Autoren auf die lange Reise von Los Angeles nach New York, um sich dort um Engagements zu bemühen. Die Reise begann im August 1955 via Las Vegas, man fuhr in Carbones Essex. In Winslow, Arizona bekamen sie erstmals Probleme mit dem Wagen, möglicherweise wegen einer kaputten Kolbenstange. Sie arbeiteten die ganze Nacht an einer Tankstelle und schafften es über Oklahoma City und Kansas City schließlich bis nach Manhattan – auch wenn der Essex dort sehr stark qualmte.

Coburn studierte an der Schauspielschule von Stella Adler in New York. Abends besuchte er gerne Jazz-Clubs wie etwa »Birdland« und wurde dank Trude Heller chauffiert, der

Eigentümerin eines der Clubs. Einen eigenen Wagen konnte er sich nach dem Unfall nicht leisten. Um den Unterricht zu bezahlen, drehte er Werbespots. In einer New Yorker Bar im Village traf er zum ersten Mal auf Steve McQueen, der zu der Zeit bei Sandy Meisner studierte. »Er ging gerade als ich hereinkam. Er sagte: ‚Wie geht es Dir?', startete sein Motorrad und brauste davon«, so der kurze Moment. »Viele Leute mochten ihn, weil er diese Kühnheit besaß«, so Coburn: »Er würde entweder ein sehr interessanter Filmstar werden oder dabei zugrunde gehen, es zu versuchen.«

»ES WAR EIN VIERZYLINDER MIT DIESEM TOLLEN VERSENKBAREN DACH UND SAH SEHR ENGLISCH AUS.«
– COBURN ÜBER SEINEN MORGAN

»ICH HASSTE DIESEN WAGEN«

Zurück an der Westküste, heiratete er im November 1959 die schon zweimal geschiedene Beverly Kelly, die Tochter Lisa mit in die Ehe brachte. Zu der Zeit hatte er eine Reihe von Auftritten in TV-Episoden, die zu seinem ersten großen Kinoerfolg führten. Regisseur John Sturges engagierte ihn als wortkargen Messerwerfer in dem Western, der zu einem Klassiker wurde: »Die glorreichen Sieben«. Sein Freund Robert Vaughn hatte ihn empfohlen. Er wusste, dass Coburn ein Fan des Films war, der als Vorlage für den Western diente: »Die sieben Samurai« hatte er sieben oder acht Mal gesehen. Zu den sieben Kämpfern, die ein Dorf von der Tyrannei einer Reihe von Banditen befreien, gehörten neben ihm auch Steve McQueen und Charles Bronson, die zu guten Freunden wurden. Nicht sein Freund wurde der neue braune Jaguar 3.4 Litre mit dem Beverly ihn bei den Dreharbeiten in Mexiko besuchte. Der wurde zwar von Robert Vaughn bewundert, aber Coburn hasste ihn.

In Los Angeles hatte er damit schon einen Blechschaden am Kotflügel. In Mexiko geschah ein noch größeres Malheur: Nach einem gemeinsamen Abendessen mit Vaughn war der Mann vom Parkservice unaufmerksam und verursachte einen Schaden. »Die Haube ging hoch, Rauch und Flammen kamen vorne heraus und der Fahrer fiel auf die Straße«, so Vaughn. »Ich stand absolut schockiert dort und starrte auf den Wagen. Ich sah Jim an, er sah mich an, schaute auf seine Uhr und sagte: 'Zu dieser späten Zeit werden wir niemals ein Taxi bekommen'«.

Coburn war Ferrari-Liebhaber mit einer »Leidenschaft für Eleganz«.

Der Jaguar wurde repariert, ihn ereilte aber bald darauf sein Ende. Beverly und Coburn fuhren nach Drehschluss im April oder Mai 1960 vom

mexikanischen Cuernavaca, südlich von Mexiko-Stadt, entlang der Küste in Richtung Kalifornien. Nahe Los Mochis, das rund 1.500 Kilometer entfernt liegt, endete plötzlich die befestigte Straße, der Wagen litt und der Auspuff fiel herunter. Ein Mexikaner hielt an und befestigte ihn mit Drähten. Immerhin erreichten sie so eine etwa 40 Kilometer entfernt liegende Stadt, wo ihnen ein gewisser Mr. Bird in einer kleinen Werkstatt half. Nach 20 Minuten war das Problem behoben. Sie schafften die zusätzlichen 1.600 Kilometer bis nach Los Angeles, doch am Silvesterabend des Jahres 1960 fuhr jemand außerhalb des Pantages Theatre in Hollywood in den braunen Jaguar. »Danke Gott«, so Coburn später. »Ich hasste diesen Wagen.«
Nach dem großen Erfolg von »Die glorreichen Sieben« belohnte Coburn sich selbst und kaufte sich einen Morgan. »Es war ein Vierzylinder mit diesem tollen versenkbaren Dach und sah sehr englisch aus. Als ich meinen ersten Ferrari bekam, verkaufte ich ihn an Eddie Tirella.« Eduardo Tirella war ein Schauspielkollege, Setdesigner und Innenarchitekt.

Gemeinsam mit Steve McQueen drehte Coburn im Mai und Juni 1961 den Kriegsfilm »Die ins Gras beißen« und von Juni bis Oktober 1962 in München, Bayern und im Allgäu einen Kriegs-Klassiker: die Ausbrechergeschichte »Gesprengte Ketten«. Dort traf er auch auf den Autonarren James Garner. Der

Der US-amerikanische Automobilrennfahrer Robert Lewis »Bob« Bondurant gab James Coburn Fahrunterricht, Aufnahme von 1971.

RANT
SCHOO

Im Film »Sein letzter Ritt« ist eigentlich ein roter DeTomaso Pantera Teil der Geschichte, auf dem Plakat ist dagegen ein Lamborghini Miura zu sehen.

Film sorgte dafür, dass James Coburn Ferrari-Leidenschaft auf Steve McQueen übersprang:. In einer Zeit in der McQueen einen Jaguar XKSS fuhr, war Coburn schon von den rassigen italienischen Sportwagen infiziert. Nach den Dreharbeiten fuhr er mit McQueen nach Belgien zum dortigen Ferrari Händler Jacques Swaters. Dieser war mit seiner »Garage Francorchamps« der offizielle Importeur der Benelux-Länder. In der Rue de la Brasserie 25 in Brüssel kaufte Coburn einen 250 GT. Ob das nun ein Wagen vom Karosseriebauer Boano oder Ellena war, ist nicht mehr zu klären. »Ich bezahlte rund 1.500 Dollar dafür. Er war rot und hatte ein schwarzes Dach. Das Auto war ein Traum«, so der Schauspieler.

FERRARI-LIEBHABER UND AUTO-IMPORTEUR

Schon früh investierte Coburn in teure Autos und betrieb mit dem Produzenten John Calley ein gut laufendes Geschäft: »Calley und ich begannen damit, Autos in die USA zu importieren. Wir kauften europäische Wagen, die für neue Ferraris in Zahlung genommen worden waren. Anfang der 60er-Jahre, kauften wir drei oder vier für 50.000 Dollar, machten sie hübsch, peppten sie auf, und verkauften alle bis auf zwei wieder. Wir behielten je einen für uns selbst. Wir hatten zum Beispiel zwei Ferrari F-250 LM mit Heckmotoren. Einen davon verkauften wir an Haskell Wexler.« Der Kameramann und zweifache Oscar-Preisträger drehte Filme wie »Wer hat Angst vor Virginia Woolf?«, »Thomas Crown ist nicht zu fassen« oder »Einer flog über das Kuckucksnest«.

Anfang der 60er-Jahre besaß Coburn bereits einen silbernen Ferrari 250 GT Berlinetta Lusso und ab 1963 einen gebrauchten Ferrari 250 GT Spyder California SWB (Short Wheel Base, die Variante mit dem kürzeren Chassis von 2,40 Meter). McQueen und Coburn entdeckten ihn bei dem Händler in Brüssel. Swaters hatte ihn 1961 an einen Kunden in der belgischen Hauptstadt verkauft. Als der ihn in Zahlung gab, erwarb ihn Coburn und importierte das seltene Stück in die USA (Kennzeichen dort: MMS 636). Es war der dreizehnte von nur 56 jemals gebauten (Chassis Nr. 2377).

Noch während der Dreharbeiten von »Gesprengte Ketten« in Bayern erreichte ihn das Angebot seines Agenten in Paris in der Krimikomödie »Charade« neben Cary Grant und Audrey Hepburn mitzuspielen. Coburn sagte zu und fuhr im Oktober 1962 immerhin 850 Kilometer weit »in einem alten Mercedes, der vermutlich gusseisernen war, weil man ihn nicht zerstören konnte« in die französische Hauptstadt. Die Aussage wird noch klarer, als er später erklärte, dass er mehrfach »in etwas reingefahren sei«, so der Akteur. »Der Wagen bekam Kratzer ab, war aber nicht einmal verbeult. Es ist schwer in Paris zu fahren, bis man die Regeln lernt. Danach ist es drücken und schieben. Du lässt die anderen wissen, dass du kein Sündenbock bist, sondern ein Pariser.« Als unangenehmer Pariser entpuppte sich der Vermieter des Appartements, in dem er während des Drehs mit seiner Frau und zwei kleinen Kindern wohnte. Der bestand darauf, erst ab Dezember zu heizen, und für die Kamine musste erst mühsam Holz herbeigeschafft werden. Der Winter 1962/3 war einer der kältesten in ganz Europa. So konnte Coburn sich nur im Studio oder im Mercedes aufwärmen. Vermutlich auch einer der Gründe, warum er sich später mehrfach der deutschen Marke zuwandte.

Da Bekanntheitsgrad und Honorare zu der Zeit immens stiegen, zogen Beverly und er innerhalb von Los Angeles um. Ende 1965 bezahlte er 250.000 Dollar für die bereits zu Anfang erwähnte spanische Villa an der 1146 Tower Road aus dem Jahr 1927 im Stadtteil Sherman Oaks. Sie stand nicht nur auf einem Areal von 14.000 Quadratmetern, sondern verfügte auch über eine Garage für vier Fahrzeuge. Vor dem Gebäude, das zuvor oft als Filmdrehort genutzt worden war, posierte er gerne mit seinen automobilen Schätzen. Zuweilen ließ er sie neu lackieren. Den Ferrari California traf es mindestens dreimal. Er war Dunkelbau, Silber (Kennzeichen: MMS 636) und danach Burgunderrot. Der bekannte Rennfahrer, Rennwagenbauer und Stuntman Max Balchowsky, Eigentümer der Firma »Hollywood Motors«, wartete den Wagen. Er war sowohl an dem James-Garner-Film »Grand Prix« als auch an »Bullitt«, »Ein toller Käfer« und »Fluchtpunkt San Francisco« beteiligt.

IMMER WIEDER FERRARIS, EIN RENNSPORTTRAINING UND ETWAS VERTRAUEN

Durch die großen Erfolge der beiden Agentenabenteuer rund um Derek Flint, die 1966 und 1967 in die Kinos kamen, wurde Coburn zu einem sehr reichen Mann. Geplant war, dass luxuriöse Autos ein Teil der Filme sein sollten, aber umgesetzt wurde die Idee nicht. Lediglich ein gelber Excalibur der Serie 1 tauchte im zweiten Film auf. Seine private Sammlung vergrößerte sich. Es kam ein 1967er-Rennsportwagen vom Typ Ferrari 412P (Chassis Nr. 0850), von dem nur fünf Stück gebaut wurden, zu seiner Kollektion dazu. Coburn besuchte Rennsportkurse unter der Leitung des früheren Formel-1-Piloten Bob Bondurant, um adäquat mit seinen Sportwagen umzugehen. Seine Ferraris fuhr er nicht nur in seinem Heimatland. Ende der 60er-Jahre besuchte er Professor Ali Shah in seinem roten Ferrari 275 GTB im Britischen Museum in Tanger. Von Nordafrika aus fuhr er wieder einmal nach Brüssel, um den nächsten italienischen Sportwagen abzuholen. Das Ziel war London, weil er dort die Kriminalkomödie »Duffy, der Fuchs von Tanger« zu Ende drehte. Als er 1970 mit den Kindern in einem seiner Ferraris nach Palm Desert fuhr, um die Großeltern zu besuchen, revoltierte Sohn James. Er mochte die Hitze nicht. Sein Vater fuhr offen. Im April 1971 wurde er zu Kostümanproben für den Western »Sein letzter Ritt« ins San Fernando Valley gebeten. Dort verwirrte er den Koautoren und für die Kostüme zuständigen Stephen Lodge, als er mit unterschiedlichen Autos anreiste: »Er kam zweimal. Das erste Mal in einem grauen Ferrari und das zweite Mal in einem roten.« Den Part des abgehalfterten Rodeo-Champions drehte er in New Mexico, und wenn man sich das Plakat des im Sommer 1971 entstandenen Films »The Honkers« (Sein letzter Ritt) ansieht, könnte man sogar denken, dass er nur zugesagt hat, weil italienische Sportwagen darin eine Rolle spielen. Im Film ist ein roter DeTomaso Pantera zu sehen, auch wenn die Plakate etwas Anderes suggerieren. Auf dem italienischen und skandinavischen Motiv liegt er lässig auf der Motorhaube eines roten Dino 246 GT. Seltsamerweise zeigt das US-Motiv einen fliederfarbenen Lamborghini Miura.

Später bereicherte tatsächlich ein Dino 246 GT seine private Sammlung, wenn auch ein silberner Wagen, den er im Herbst 1972 als Bonus für seine Arbeit erhielt. Zu der Zeit drehte er in Südfrankreich den Thriller »Sheila«. Zuvor wurde am 9. April bei ABC das Sports Special mit dem Titel »Challenge« ausgestrahlt, ein Vorläufer der heutigen allgegenwärtigen Reality-Shows. Dafür stellte er sich einer besonderen Herausforderung: Er absolvierte fünf Tage lang ein Renntraining in der Bob Bondurant Schule auf dem Ontario Motor Speedway, so wie das früher auch schon James Garner als Vorbereitung auf den Film »Grand Prix« getan hatte. Schließlich trat er danach gegen einen Amateur-Rennfahrer aus der Schule an, was aber nicht zu der Obsession führte, der sich z.B. James Garner und Paul Newman hingaben (siehe: »Movie Cars – Races, Stars und Stories«). »Ich mag es einfach nur zu fahren«, so Coburn dazu. »Die Wettbewerbe, die Steve McQueen und James Dean so sehr mochten, waren nichts für mich.« Er zog seine Ferraris den Rennen und Rennwagen vor, fuhr aber durchaus auch mal »ein wenig schneller« als erlaubt. Mit den neu vertieften Kenntnissen des Rennsportkurses genoss er die kurvenreichen Straßen der Côte d'Azur im silbernen Dino. An

Coburn mit seiner zweiten Ehefrau, der aus Jamaika stammenden Schauspielerin Paula O'Hara.

Coburn mit Jennifer Edwards 1972 im Film »Der Mörder im weißen Mantel«.

einem freien Tag während der Dreharbeiten von »Sheila« lud er seinen Kollegen Richard Benjamin zu einem Ausflug ein und fuhr mit ihm vom Carlton Hotel in Cannes via Nizza in Richtung Italien – mit zum Teil 215 km/h. Benjamin wies darauf hin, dass er gar keinen Pass dabeihabe – und tatsächlich wurden sie an der Grenze angehalten. Doch dann kam etwas ins Spiel, was Benjamin später als »Filmstar-Moment« bezeichnete: »Ich hatte das noch nie zuvor gesehen. Jim drehte sich zu dem Grenzbeamten, nahm seine dunkle Sonnenbrille ab, lächelte ihn an und strahlte wie ein leuchtender Stern. Der Mann war hypnotisiert. Das macht eben einen echten Filmstar aus. Der Mann war etwas benebelt und sagte: ‚Passare Commendatore'. Ich fragte Coburn, was gerade passiert sei, und der antwortete: ‚Man muss auch ein bisschen Vertrauen haben.'«

Als sie nachts zurückfuhren, tauchte plötzlich ein Porsche hinter ihnen auf, der die Lichthupe betätigte. »Ich sagte zu Jim, ich denke, er will an uns vorbei«, doch der sagte nur: »Das denke ich nicht.« So rasten die beiden Sportwagen auch dieses Mal mit etwa 210/215 km/h Cannes entgegen und trugen ein (illegales) Rennen aus. »Wir waren in etwa zehn Minuten wieder zurück«, so Richard Benjamin. »Es war ein Ausflug, den ich nie vergessen werde.«

SEINE HEILIGKEIT IM FERRARI

Später kam noch ein blauer Ferrari Daytona und goldfarbener Ferrari 308 GTS zu seiner Kollektion. Mit dem waren James Coburn und sein Sohn

James in den Jahren 1973/74 u.a. am Grand Canyon und in Las Vegas. Sie wohnten im Hotel Caesars Palace. Als im Frühling 1974 die Dreharbeiten zu dem Western »700 Meilen westwärts« in New Mexico, Colorado und Arizona anstanden, fuhr Coburn auch mit einem seiner Ferraris zum Set, doch dieses Mal versagte der »Star Bonus« aus Frankreich. Die Teamster Union, die Gewerkschaft der Transportarbeiter, nahm ihm übel, dass er mit seinem eigenen Wagen anreiste. Er musste fortan chauffiert werden. Als Coburn an anderer Stelle eine Journalistin mitnahm, merkte die an, dass er zum Teil »doppelt so schnell« fuhr wie erlaubt. Sie war es, die enthüllte, dass er den silbernen Dino 246 GT als Teil des Vertrages für seine Mitwirkung an dem Film »Sheila« erhalten hatte.

Im Januar und Februar 1976 hielt sich Coburn gemeinsam mit Regisseur Sam Peckinpah längere Zeit in München und Wiesbaden auf, um Vorbereitungen für den Film »Steiner – Das Eiserne Kreuz« zu treffen. Nach einer Affäre während der langwierigen Dreharbeiten im ehemaligen Jugoslawien von April bis September 1976 wurde klar, dass sich eine Trennung von seiner Frau Beverly andeutete. Die führte später zu einschneidenden Veränderungen – auch in seinem automobilen Leben. Doch zuvor gewährte er dem 16. Gyalwa Karmapa, seiner Heiligkeit Rangjung Rigpe Dorje, eine besondere Freude. Coburn war dem Buddhismus zugetan und der Tibeter hatte sich der Aufgabe gewidmet, die Lehre Buddhas im Westen zu verbreiten. Als er 1977 die USA bereiste, wohnte er mitsamt seiner Entourage in Privathäusern, so auch für zehn Tage bei den Coburns in Los Angeles – trotz Ehestress. Ein besonderer Ausflug rundete den Besuch des Karmapa ab, so der Schauspieler: »Ich

Coburns schwarzer Ferrari 250 GT California Spyder auf dem Goodwood Festival of Speed 2010.

Coburn (stehend) bei den Dreharbeiten zur ABC-Fernsehshow »The American Sportsman«.

nahm ihn für einen Ausflug im Ferrari mit, weil er das gerne wollte. Er saß in seiner Robe, wir schnallten uns an und whoomph, fuhr ich los,« so Coburn in dem Buch seiner Schwiegertochter Robyn. »Er sagte: 'Oh, sehr schön'«, obwohl sein Gastgeber zum Teil 160 km/h pro Stunde fuhr. 'Am nächsten Tag, fragte er mich, ob ich ihn zu einem Meeting bringen könnte. Ich antwortete: Im Ferrari oder im Mercedes?' Er zog den Mercedes vor.«

Im April 1979 stand tatsächlich die Scheidung von Beverly an und nach einem erbitterten Rechtsstreit wurde beschlossen, dass sie das Haus an der Tower Road bekam – und alles darin inklusive Mercedes und Rolls-Royce. Er behielt die Ferraris. Während langer Flüge um die Welt hatte das Ehepaar tatsächlich mal Karten um einen Rolls-Royce gespielt. Offensichtlich hatte sie nun gewonnen.

Zurückgeworfen durch eine schmerzhafte Arthrose, drehte Coburn ab den 80er-Jahren nur wenige Filme und lieh seine Stimme stattdessen Dokumentationen, so auch über den Karmapa. Außerdem trat er in einer Reihe von Werbespots für verschiedene Produkte auf. Dazu zählten auch Fahrzeuge wie Chevrolet Suburban, Chevrolet Tahoe und Motorräder. Eine Zigarettenwerbung für Lark entstand im James Bond- / Derek Flint-Stil. 1987 verkaufte er seinen geliebten Ferrari 250 GT Spyder California aus gesundheitlichen Gründen nach 24 Jahren an Andrew Cohen in Beverly Hills. Anfang 1994 erwarb ihn Bruce S. Lustman aus Southport in Connecticut, der ihn 14 Jahre später anbot. Am 18. Mai 2008 wurde er bei einer Auktion von Sotheby's mit dem Titel »Legenda e Passione all-Ferrari« im Ferrari Werk in Maranello von dem englischen BBC-Moderator Chris Evans ersteigert. Er bezahlte 10.894.400 Dollar (6,4 Millionen Euro) für den damals schwarzen Wagen – auch wenn Ferrari nicht nachweisen konnte, dass er über den korrekten Motor (#2377GT) verfügte. Der »Top Gear«-Moderator James May durfte, nach einigen Verhandlungen, einmal damit fahren, was in der Episode 18.07 dokumentiert ist, die am 11. März 2012 erstmals bei der BBC zu sehen war. Damals trug der Ferrari das Kennzeichen FER 1 – und in Evans Garage in England hing das Schild des Ferrari-Importeurs aus Brüssel. Evans ließ den Wagen zwei Jahre lang von Joe Macari Classics in London aufwändig restaurieren. Der Händler verkaufte den Wagen 2020 in seinem Auftrag an einen privaten Sammler weiter.

In späteren Jahren stieg Coburn lieber in bequeme Limousinen, hier 2001 in Beverly Hills.

JAGUAR UND MERCEDES STATT FERRARI

In den letzten Jahren seines Lebens standen ein Jaguar und ein Mercedes in Coburns Einfahrt und er exportierte seltene Autos nach Japan. Am 21. März 1999 durfte er für seine Leistung in dem Film »Der Gejagte« einen Oscar als bester Nebendarsteller entgegennehmen. Seinen letzten öffentlichen Auftritt hatte er im Januar 2002 beim »Sundance Film Festival« in Utah. Sein Transportmittel war eine Mercedes M-Klasse. James Harrison Coburn III. starb am 18. November 2002 in seinem Haus in Beverly Hills und hat so viel mehr als nur dieses treffende Zitat hinterlassen: »Schnell zu fahren ist wie meditieren, denn man muss immer sehr genau aufpassen. Es ist eine Form von Freiheit, aber man muss auch sehr präsent sein. Man kommt an seine Grenzen.«

KAPITEL 6

FLIEGENDE AUTOS IM FILM

FLIEGENDE AUTOS IM FILM

Wenn man in Filmkreisen oder auch im Freundeskreis herumfragt, welches fliegende Auto einem als Erstes in den Sinn kommt, ist die am meisten genannte Antwort, der DeLorean aus der Filmreihe »Zurück in die Zukunft«. Die Filmreihe wird in diesem Buch ausführlich gewürdigt. Wenn man sich jedoch intensiver mit der Geschichte der fliegenden Autos im Film beschäftigt, stellt man fest, dass es ein Deutscher war, der diese tollkühne Idee erstmals präsentierte – und das war schon im Jahr 1920. »Das fliegende Auto« hieß das Stummfilmwerk, das der 1892 geborene Harry Piel inszenierte und in dem er auch die Hauptrolle spielte. Der Zweiteiler erzählt davon, dass einem alten Erfinder ein Auto-Prototyp gestohlen wird und Piel, der im Film Peel heißt, sich auf die Suche danach begibt und nebenbei auch noch ein Straßenmädchen rettet. Der Film soll, wie 72 weitere seiner Filmkopien, bei einem Luftangriff im Zweiten Weltkrieg zerstört worden sein.

Sehr präsent ist dagegen immer noch eine kurze Sequenz aus dem 1965 entstandenen französischen Film »Fantomas gegen Interpol«. Das zweite von

Harry Piel brachte 1920 im gleichnamigen Stummfilm das erste »fliegende Auto« auf die Leinwand.

Auf der Flucht vor Interpol verlieh Fantomas 1965 einer weißen Citroën DS Flügel.

drei Abenteuern über den Superschurken Fantomas, der von Jean Marais verkörpert wird, wartete mit einem besonderen Clou auf: Auf der Flucht vor dem ihn verfolgenden Kommissar Juve (Louis de Funès) und dem Journalisten Fandor (Marais in einer Doppelrolle), rast Fantomas in einer weißen Citroën DS davon. Drei Schieberegler später kommen Tragflächen unter dem Wagen hervor und das Auto entwickelt sich dank Düsenantrieb hinten zu einem Fluggerät. Hauptdarstellerin Mylène Demongeot sagte 2021 dazu in einer Dokumentation: »Er ist mit keinem der Filme, die damals gemacht wurden, vergleichbar. Das Einzige, das man sagen könnte, ist, dass er wie ein James-Bond-Film aussieht. Ein französischer, kleiner James Bond. Wenn ich den Film heute sehe, liebe ich ihn immer noch. Die Spezialeffekte, den Citroën mit den Flügeln. Wunderbar.« Selbst im zweiten Teil der »Zurück in die Zukunft«-Reihe tauchen DS auf – einmal als fliegendes Taxi mit zusätzlichen Umbauten und einmal als Wrack am Straßenrand. Sicherlich eine Hommage an die Sensation des Pariser Autosalons vom 8. Oktober 1955.

Das Erstaunliche an dem »kleinen James Bond« in Form von »Fantomas gegen Interpol« ist, dass die Flugsequenz neun Jahre vor dem abgehobenen 007-Abenteuer »Der Mann mit dem goldenen Colt« zu sehen war. Darin springt nicht nur ein Wagen vom Typ AMC Hornet in einem Spiralsprung über einen thailändischen Kanal, sondern der von Christopher Lee gespielte Bösewicht hebt in einem AMC Matador Coupé ab und fliegt von Bangkok zu einer Insel im südchinesischen Meer (siehe »Motorlegenden James Bond«, Motorbuch Verlag 2019).

Schon auf der Weltausstellung im Jahr

Roger Moores 007 beförderte 1977 in »Der Mann mit dem goldenen Colt« einen AMC Hornet im Spiralsprung über einen thailändischen Kanal.

1939 wurde vorausgesagt, dass es Ende des Jahrhunderts fliegende Autos geben würde. Das ist (zumindest serienmäßig) nicht eingetreten, aber immer mal wieder haben die Macher von Science-Fiction-Filmen die Grenzen der Schwerkraft aufgehoben und dafür gesorgt, zumeist dank mechanischer Vorrichtungen und Drähten, dass Fahrzeuge in die Luft gingen. Das war sowohl bei der »Krieg der Sterne«-Reihe (ab 1977) der Fall, als auch bei den beiden »Blade Runner«-Filmen (1982 und 2017), bei Komödien wie »Spaceballs« (1987) und bei »ernsthaften« Blicken in die Zukunft wie »Judge Dredd« (1995), »Das fünfte Element« zwei Jahre später und »Total Recall« (2012). In »Fast & Furious 9« hob neun Jahre später ein Pontiac Fiero mit Raketenantrieb ab und »flog« sogar ins All. Manchmal kennt die Fantasie eben keine Grenzen.

GROSSE SPRÜNGE – WENIG ENTWICKLUNG

1986 war das Hightech-Auto »Black Moon« in dem gleichnamigen Film sehen. »Das sensationellste Geschoss seit Erfindung des Turboladers«, wie es darin heißt, basiert auf einem kanadischen Prototyp mit dem Namen Wingho Concordia II, der in Montreal entstand. Da es nur ein Exemplar gab, wurden dank einer Gießform zwei Kopien hergestellt, deren Frontscheibe aus Plexiglas bestanden. Er ähnelt dem Ferrari 512 S Modulo, der 1970 als Konzept auf dem

Der »Black Moon« aus dem gleichnamigen Film (1986).

Genfer Auto-Salon stand. Das Filmfahrzeug steht auf einem VW-Chassis. Als Finale einer Verfolgungsjagd rast der von Tommy Lee Jones gespielte Quint in dem Wagen auf eine Fensterfront des Arco Centers in Long Beach, Kalifornien zu und springt mit ihm in den zweiten Turm des Gebäudes gegenüber. Eine ähnliche Sequenz gab es mehr als 30 Jahre später, 2017. Dieses Mal war es ein Sprung einer Replik des Lykan Hypersport zwischen zwei der Etihad Towers in Abu Dhabi in »Fast & Furious 7«. Dafür wurde der Wagen auf Schienen gesetzt und durch die Wand katapultiert – in den Universal Studios (siehe »Fast, Fierce & Furious«, Motorbuch Verlag). Besonders skurril ist ein fliegender Wolga GAZ-21 in dem 2009 erschienenen russischen Superhelden Film »Schwarzer Blitz« (Black Lightning).

Neuere Flugauto-Entwicklungen von Firmen wie Terrafugia, Pal-V oder der slowakischen Aircar sind noch nicht serienreif, sodass Auftritte tatsächlich fliegender und fahrender Autos in Filmen wohl noch auf sich warten lassen.

KAPITEL 7

»PREPARE FOR TAKE-OFF«

»PREPARE FOR TAKE-OFF«

– »DER FLIEGENDE PAUKER« (1961) UND »DER PAUKER KANN'S NICHT LASSEN« (1963)

Sie können fliegen, schwimmen, tauchen, um sich schießen oder sogar unsichtbar werden. Autos aller Art waren im Kino nicht nur dazu da, um auf den Straßen dieser Welt herumzukurven, sondern wurden dank findiger Drehbuchautoren vor allem ab den 60er-Jahren auch zu Vehikeln der Fantasie. Würdigen wir also Imagination und Einfallsreichtum, die als Erstes einem Mann zu verdanken sind, der vor allem durch Zeichentrickfilme bekannt geworden ist: Walter »Walt« Elias Disney.

Stan Laurel und Oliver Hardy waren in den 20er- bis 40er-Jahren überwiegend in ihrem Ford Model T auf den Straßen unterwegs – und nicht nur dort (siehe: Movie Cars – »Races, Stars & Stories«). Es ist daher sicherlich kein Zufall, dass Walt Disney auf diesen mehr als 15 Millionen Mal verkauften Bestseller setzte, als es um ein Fahrzeug ging, das für ungewöhnliche Extra-Touren steht. Auf die Filmstory kam er dank einer Begegnung mit dem Chemie-Professor Hubert Alyea, der an der Universität in Princeton lehrte. Der experimentierte vor seinen Studenten gerne mit explosiven Dingen, was ihm den Spitznamen »Dr. Boom« einbrachte. 1958 war Disney auf der Weltausstellung in Brüssel zu Gast, sah Alyea zu und war von seiner Vorführung begeistert. Er lud ihn nach Kalifornien ein, um Schauspieler Fred MacMurray, dem Darsteller des Professors (der im Film Ned Brainard heißt) seine Experimente zu zeigen. MacMurray ließ daraufhin Alyeas Ausdrucksweise, Gestik und Mimik in seine Rolle einfließen. So entstand »The Absent-Minded Professor«, der in Deutschland den Titel »Der fliegende Pauker« bekam. Welches Auto Alyea privat fuhr, ist nicht bekannt, aber Disney und sein Regisseur Robert Stevenson votierten für den Ford Klassiker, weil der auch noch in den 60er-Jahren zu der verschrobenen Hauptfigur passte. Außerdem war der Studiochef mit dem Schauspieler Leon Ames befreundet, und der spielte nicht nur die Rolle des Präsidenten des Medfield College an dem Brainard lehrt, sondern besaß

DIE VERWENDUNG VON FORDS MODEL T WAR EINE FRÜHE FORM DES PRODUCT-PLACEMENTS.

Fred MacMurray entdeckt als Professor Ned Brainard eine der Schwerkraft trotzende Chemikalie, die er »Flubber« nennt.

Links: Auch das Kapitol in Washington wurde umrundet.

auch mehrere Ford-Autohäuser in Los Angeles und Umgebung. Er belieferte die Produktion mit den Fahrzeugen des Typs Model T, das von 1908 bis 1927 gebaut wurde. So entstand durchaus eine frühe Form von Product-Placement. Die Autos in diesem Film stammen aus dem Jahr 1915.

»VERZWEIFELTE MÄNNER MACHEN VERZWEIFELTE DINGE.«

Die Story geht auf drei Kurzgeschichten zurück, die der Autor Sam Taylor für das amerikanische »Liberty Magazine« geschrieben hatte. Darin ging es um eine Form von Gummi, ein fliegendes

U.S. AIR FORCE
FC-04

Ein fliegender Ford? Dieser Anblick verwundert wohl auch den Piloten der Convair F-102 »Delta Dagger«.

Auto und Milch. Disney hatte die Rechte erworben und Taylor und Drehbuchautor Bill Walsh gebeten, daraus eine Filmstory zu entwickeln. Die Milch verschwand, der Rest entstand und begann damit, dass Professor Brainard in seinem Labor experimentiert und zufällig eine gummiartige Masse entdeckt, die er »flying rubber«: Flubber (fliegender Gummi: Flummi) nennt, die offensichtlich in der Lage ist, wundersame Dinge zu vollbringen. Dazu zählt, dass sein Auto plötzlich vom Boden abheben konnte. Das Energiepaket sorgt dafür, dass Brainard mit seinem Ford und Hund Charlie über Häuser fliegt, die Spitze des Kirchturms umrundet und sogar einen Looping vollführt. Leider vergisst der zerstreute Wissenschaftler aber zum dritten Mal die Hochzeit mit seiner Verlobten Betsy, was dem häuslichen Frieden sehr zusetzt. Als Betsy sich von den Avancen des Uni-Kollegen Shelby Ashton geschmeichelt fühlt, rächt sich Brainard, indem er ihn mit seinem fliegenden Wagen malträtiert. Er setzt auf dessen Autodach auf, hupt mehrfach, bis der Konkurrent Schlangenlinien fährt und gegen einen parkenden Streifenwagen kracht. »Ich bin ein verzweifelter Mann Charlie«, sagt er zu seinem Hund. »Verzweifelte Männer machen verzweifelte Dinge.« Wenig später fährt Brainard bei der Polizei vor und fragt, ob alles okay sei. Ob er das alte Model T in Ordnung gebracht habe, fragt ein Polizist, der sich wundert, warum der Motor so gluckert. »Ich habe die Ventile eingestellt«, antwortet

der Professor unschuldig.
Immerhin fünf Männer waren für die Special Effects des Films zuständig. Mindestens drei Ford Model T kamen zum Einsatz, einer davon absolvierte die Fahrszenen, zwei wurden für die »Flugszenen« präpariert. Dafür mussten sie vor allem leichter werden. Nach Aussagen des dafür zuständigen Mannes Arthur Vitarelli wurden die Motoren entfernt, die Aufhängung entstand aus Fiberglas, ebenso das Differential. Die Wagen erhielten Kotflügel aus Aluminium, die Felgen bestanden aus Balsaholz, die Reifen aus Schaumstoff und die Polsterung verschwand auch. »Alles war blank und nackt«, so der Techniker, »und richtig gut rollen konnte der Ford auch nicht. Man konnte ihn nur ein bisschen schieben, aber er war so stabil, dass wir vier Seile daran befestigen konnten, die ihn auf eine Plattform hoben. Die war mit einem großen Kran verbunden …«

»WAS IST SO REVOLUTIONÄR AN EINER ALTEN TIN LIZZY?«

Dass Motor und Getriebe zuweilen nicht zu sehen sind, störte die Kinobesucher nicht. Dass der Professor und sein Hund bei den »Flugaufnahmen« angeschnallt sind, aber beim Looping nicht herausstürzen und die Räder sich auch in der Luft weiterdrehen ist der Magie des Kinos zuzuschreiben. Neben den an dem Kran hängenden Fahrzeugen kam noch ein ganz kleines Modell zum Einsatz, das aus Holz und Pappmaché

Professor Brainard ist berechnend.

Sturzflug mit Hund.

Nach dem fünfterfolgreichsten Film des Jahres …

bestand und in den weit entfernten »Flugszenen« erscheint. Unterschiede sind kaum auszumachen, würden in den vielen humorvollen Szenen aber auch untergehen. »Was ist so revolutionär an einer alten Tin Lizzy?«, fragt der Professor an einer Stelle. Auf den ersten Blick nichts, aber ein fliegendes Auto war 1961 eine Sensation, die auch das Publikum goutierte. Die haarsträubende Geschichte sorgte dafür, dass die Menschen ab dem 16. März 1961 in die Kinos strömten. Sie machten den Film zum fünftgrößten Kinoerfolg des Jahres. Er spielte nicht nur 25,3 Millionen Dollar ein, Eustace Lycett und Robert A. Mattey konnten sich auch über eine Oscar-Nominierung für die von ihnen kreierten Spezialeffekte freuen.

Das abgehobene Vehikel und der unerwartete Erfolg führten zu einer Fortsetzung, die bereits im November 1961 angekündigt wurde. Auch diese skurrile Geschichte wurde in Schwarzweiß gedreht, sie kam am 16. Januar 1963 als »Son of Flubber« (»Der Pauker kann's nicht lassen«) in die US-Kinos – und mehr als anderthalb Jahre später in die deutschen Kinos.

… folgte die Fortsetzung zwei Jahre später.

Zu Anfang des Films »fliegt« der Ford Model T neben vier Düsenjets, hält auf das Washington Monument zu und schwebt schließlich über dem Pentagon zum US-Verteidigungsministerium. Im Vorgängerfilm stieg die U.S. Air Force auf und die Piloten wunderten sich noch: »Es ist ein Model T Touring, aber es fliegt.« Dieses Mal bietet die Truppe sogar Geleitschutz. Trotz großem Engagement für sein College werden die Wünsche des Professors nach mehr finanziellen Mitteln nicht erfüllt. Zuhause lehnt er Angebote eines Investors für »Flubber Enterprises« ab. Als dann noch ein Steuerfahnder Geld haben will, hängt erneut der Haussegen schief. Dafür besteht seine neue Erfindung einer Wetterkanone einen ersten Praxistest. »Flubber Gas« ist effektiv, hat aber Nebenwirkungen zu denen auch zerspringende Scheiben eines Polizeiwagens vom Typ Ford Galaxie zählen. Auch Widersacher Shelby Ashton bekommt erneut etwas ab: Brainard hebt mit seinem Ford Model T ab und lässt es über dessen Auto (einem Mercury Commuter von 1960) so stark regnen, dass auch der Innenraum nass wird. Dafür wurde ein seltener Umbau von der Firma Amblewagon verwendet, denn nur der verfügte über ein Schiebedach. Zusätzlich wird Ashton noch von Blitzen getroffen und verbrennt sich den Hintern. Schließlich knallt er gegen den neuen Polizeiwagen derselben Polizisten.

Leider sind die Autosequenzen sehr rar, und auch die Einnahmen blieben weit hinter dem ersten Teil zurück. Wenn Brainard und seine dann Ehefrau Betsy am Ende im Auto davonfliegen, spürt man irgendwie, dass es keinen dritten Teil mehr geben wird. Später gab Walt Disneys Tochter Diane Marie zu, dass ihr Vater Fortsetzungen hasste, und der zweite Teil nur gedreht wurde, weil man noch so viele Gags übrighatte, die im Erstling keine Verwendung fanden. Die bezogen sich aber nicht so sehr auf das Auto, sondern auf die Männer des Footballteams, die dank Flubber Gas erstaunliche Erfolge erzielen.

»DIE GANZE WELT ÜBER UNS UND UNTER UNS.«
– ROBIN WILLIAMS ALS NED BRAINARD

»DIE GANZE WELT ÜBER UNS UND UNTER UNS«

1997 kam ein Remake des ersten Films unter dem Titel »Flubber« in die Kinos, in dem Robin Williams die Rolle von Ned Brainard spielt. Er hebt mit einem seltenen roten Ford Thunderbird Sports Roadster aus dem Jahr 1963 (VIN 3Y85Z127395) ab, von dem es nur 455 Stück gab.

Nicht nur der grüne Energiegummi, sondern auch einen sogenannter »Beschleuniger mit Gammastrahlen«, der sich anstatt des Motors unter der vorderen Haube befindet, sorgt dafür, dass er damit abheben kann. Er fliegt über der Straße, landet in einem Baum und sagt: »Entschuldigung, ich bin noch Anfänger« zu einem Kind, das gerade aus dem Fenster schaut. Später fliegt er an Gänsen vorbei, dreht sich um die eigene Achse und scherzt mit seinem mitreisenden Roboter Weebo: »Die ganze Welt über uns und unter uns.« Einen Hund hat er nicht. Eine sehr bezeichnende Szene gibt es zudem: Einmal schweben Brainard und seine Freundin Sara vor dem Büro des Chefs von Ford, der ganz oben in einem Wolkenkratzer residiert. Sie hält ein Schild hoch auf dem steht, dass der Wagen zu verkaufen sei. Später bemerkt das Erfindergenie, dass er noch nie einen »Scheck mit so vielen Nullen« gesehen habe. Offensichtlich hatte der Firmenchef daran Interesse, dass ein fliegendes Auto nicht auf den Markt kommt. Wie sollte er dann seine Straßenfahrzeuge verkaufen? Allzu viele Szenen hat das rare Stück nicht. Immerhin haben die Widersacher auch einen seltenen Wagen, einen schwarzen Mercedes-Benz 600 – nicht flugfähig.

Die drei in den 60er-Jahre-Filmen verwendeten Ford T Modelle verschwanden in der Anonymität, aber der Thunderbird wurde nach Drehende verkauft und von der Firma Mike Goldman Custom´s fünf Jahre lang so stark verändert, dass er kaum noch als der Filmwagen zu erkennen ist. Mitte Januar 2011 wurde der Umbau vom Auktionshaus Barrett-Jackson für 88.000 Dollar versteigert. Er »flog« nie wieder.

Robin Williams bekam für das 1997er-Remake einen roten Ford Thunderbird Sports Roadster gestellt.

KAPITEL 8

»ABER GENTLEMEN, EIN SCHWIMMENDES AUTO IST UNMÖGLICH.«

GEN 11

Graf Louis Zborowski gewinnt mit seinem Chitty Bang Bang 1 den Southsea Speed Carnival im Jahr 1922.

»ABER GENTLEMEN, EIN SCHWIMMENDES AUTO IST UNMÖGLICH.« – »TSCHITTI TSCHITTI BÄNG BÄNG«, 1968

Die Geschichte dieses Autos begann lange vor der Verfilmung bereits Anfang der 20er-Jahre in den Werkstätten an einem Landsitz in Higham Place nahe Canterbury in der englischen Grafschaft Kent. Dort dachte sich der Amateurrennfahrer Louis Vorow Zborowski (1895–1924) etwas ganz Besonderes aus. Der englische Graf war fasziniert von großvolumigen Maschinen, schnellen Autos und Rennen und ließ im Südosten Englands die wohl ungewöhnlichsten Rennwagen aller Zeiten bauen: Sie hießen »Chitty Bang Bang«. Vier ganz unterschiedlich motorisierte PS-Monster entstanden zwischen 1922 und 1924, aber erst James-Bond-Autor Ian Fleming machte den Namen durch seine dreiteilige Kinderbuchserie, die ab dem 22. Oktober 1964 erschien, weltbekannt. Erfahrungen mit seinem eigenen Wagen aus den 20er-Jahren, einem khakifarbenen Standard Tourer, und die Beobachtungen, die Fleming bei den

Autorennen im englischen Brooklands machen konnte, flossen in seine Kreation mit ein. Eine (sehr freie) Filmadaption kam im Dezember 1968 in die englischen Kinos. Fleming selbst erlebte weder Publikation noch Filmpremiere. Er starb am 12. August 1964 an einem Herzinfarkt.

»EINE SEHR LANGE HAUBE, UM DIE ÜBLICHERWEISE SEHR LANGE MASCHINE AUFZUNEHMEN, EIN KURZES STUMMELARTIGES HECK UND ZWEI SITZE«

Ostern 1921 erschien Louis Vorow Zborowski mit seiner ersten Kreation auf der Autoteststrecke im englischen Brooklands in der Grafschaft Surrey. Der »Chitty I« hatte in das verstärkte und verlängerte Fahrgestell eines kettengetriebenen Mercedes, der vor 1914 gebaut wurde, das 23-Liter-Triebwerk eines Maybach-Motors einbauen lassen. Der Reihen-Sechszylinder leistete 305 PS und entstammte einem Gotha G.V-Bomber aus dem Ersten Weltkrieg. Der Name »Chitty Bang Bang I« prangte an der Motorhaube. Diese Bezeichnung soll laut Überlieferung einer schmutzigen Zeile eines Soldatenliedes aus dem Ersten Weltkrieg entnommen sein. Danach erhielten die Männer einen Pass für das Wochenende, den sogenannten

Graf Louis Zborowski im »Chitty II« in Brooklands im Juni 1924.

Dick van Dyke und Sally Ann Howes spielten die Erwachsenen.

»chit«. Damit fuhren sie nach Paris, um sich körperlichen Vergnügungen hinzugeben: »Chitty – bang bang«. Es kann aber auch sein, dass sich der Graf von einem zuvor schon existierenden Auto inspirieren ließ, denn 1921 tauchte der Name »Chitty Chitty Bang Bang« an einem Wagen in Cleveland auf. Er wurde erstmals von dem damals sechsjährigen Thomas D. Kidd entdeckt. Der erzählte 1999, dass ein Wagen mit diesem Namen einem Bekannten seines Vaters gehörte. Der Wagen war von einem Mister Casebourne gebaut worden, der in der Nähe von Billingham-on-Tees eine Zementfabrik besaß. Als Basis des Autos diente ein Maybach Motor, der angeblich aus dem 1916 über Hartlepool abgeschossen Zeppelin LZ 78 stammte. Nach Angaben von Kidd verfügte er über eine »sehr lange Haube, um die üblicherweise sehr lange Maschine aufzunehmen, ein kurzes stummelartiges Heck und zwei Sitze«,

und, so fügte Kidd hinzu: »Der Name beschrieb sehr genau die Geräusche der Maschine!«

Ob Zborowski von Casebournes Auto gewusst hat, ist nicht bekannt. Was aus ihm geworden ist auch nicht, aber dass die schmalen Reifen dem Grafen immer wieder Probleme bereiteten, ist überliefert. Schon bei seinem ersten Renneinsatz, als er Reifen an Reifen gegen Parry Thomas auf einem Leyland um den Sieg fuhr, löste sich in der letzten Runde der hintere linke Reifen von der Felge und eierte wild herum. Aber Zborowski kümmerte das wenig. Er gab Gas und gewann. Später verlor er bei einer Trainingsrunde die Kontrolle, berührte ein Brückengeländer, drehte sich mehrfach und stürzte rückwärts in ein Zeitnehmerhäuschen. Das Auto war hin.

FLUGZEUGMOTOREN UND BREMSEN AUS EINER LOKOMOTIVE

So entstand »Chitty II« in das Zborowski wieder einen Flugzeugmotor, allerdings dieses Mal eine Mercedes-

James-Bond-Set-Designer Ken Adam entwarf das Filmfahrzeug.

Maschine einbauen ließ, die mit 18,8-Liter Hubraum vom Typ BZ IV etwas kleiner war als der Vorgänger. Die 230 PS Leistung waren für über 200 km/h gut. Nach weiteren Rennen ließ der Graf bereits das Nachfolgemodell entwickeln, das mit einer 7,75-Liter-Maschine nur noch über einen Hubraum von 14,7 Litern verfügte. Verbesserungen betrafen vor allem die Bremsen, die jetzt auf alle vier Räder zugriffen. Beinahe parallel entstand das vierte Exemplar seiner kleinen Baureihe. Dieses Mal war ein Bomber des Typs Airco DH.4 der Spender. Der 27-Liter-V-12-Motor sorgte für geschossartigen Vortrieb und kostete Zborowskis langjährigen Rivalen Parry Thomas das Leben. Am 19. Oktober 1924 starb auch Zborowski selbst, als er beim Autorennen in Monza aus der Kurve geriet und gegen einen Baum prallte. Er wurde nur 29 Jahre alt.

Seine Chittys sind bis auf das zweite Auto verschollen oder zerstört. »Chitty Bang Bang I« wurde nach dem Tod Zborowskis von den Brüdern Conan Doyle, den Söhnen des Sherlock Holmes Autors Sir Arthur Conan Doyle, erworben. Sie fuhren 1930 zunächst Rennen damit. Später wurde der Wagen an der Rennstrecke von Brooklands in Weybridge ausgestellt, dann in eine Ecke verbannt, in der ein zerstörerischer Mensch das Fahrzeug auseinander sägte und das Getriebe stahl. Der Rest wurde verschrottet. »Chitty II« tauchte immer mal wieder bei Ausstellungen auf, wurde 1992 dem »National Motor Museum« im englischen Beaulieu ausgeliehen und gehört inzwischen zur Privatsammlung von Robert Bahre im US-Bundesstaat Maine.

Es war der Name des Autotyps, der in den 60er-Jahren plötzlich weltberühmt wurde. Ian Fleming war ein Autoenthusiast und schrieb für seinen Sohn Caspar ein Kinderbuch, das erst nach seinem Tod unter dem Titel »Chitty Chitty Bang Bang The Magical Car« in drei Teilen erschien.

»ES SAGTE CHITTY CHITTY ALS OB ES NIESTE UND BANG BANG FÜR LEISE EXPLOSIONEN«

In dem Vorwort zu dem Buch schrieb Fleming, dass er die Geschichte »in liebevollem Gedenken dem Rennwagen Chitty-Chitty-Bang-Bang (in dieser Schreibweise) widme. (…) Er hatte eine grün lackierte Stahlkarosserie mit zweieinhalb Meter langer Motorhaube und

Zahlreiche Aufprojektionen bremsen besonders angesichts heutiger Sehgewohnheiten den Filmgenuss.

wog mehr als fünftausend Kilo.« Flemings Idee, die zunächst den Arbeitstitel »The Magical Car« trug, war als Vorlesegeschichte für seinen Sohn Caspar gedacht. Er erzählt darin von den Abenteuern der Familie Pott, von denen der Vater Caractacus Pott (Karaktakus in der deutschen Übersetzung) mit der Erfindung von Süßigkeiten sein Geld verdient. Nachdem er von einem Bonbonfabrikanten einen Vertrag erhält, kauft er einen alten Rennwagen aus den 20er-Jahren, um seiner Frau Mimsie (Mimi) und den Zwillingen Jeremy und Jemima (Julius und Juliane) ein Geschenk zu machen. Er erwirbt einen »Paragon-Panther mit Zwölfzylinder-Kompressormotor«, wovon nur ein einziges Exemplar auf der Welt existiert, weil die Fabrik danach Pleite gemacht hat. Bevor das grün lackierte Auto verschrottet werden konnte, greift Pott zu und stellt bald fest, dass es sich um ein magisches Fahrzeug handelt. Da ist etwa das Kennzeichen »ABRA 123«, was auf den Zauberspruch »Abrakadabra« hindeutet. Außerdem verhält es sich zuweilen »wunderlich«, nachdem Pott eine drei Monate dauernde Restaurierung abgeschlossen hat. Doch zunächst herrscht helle Begeisterung, als der Wagen dank »neuer Farbe und blanken Chrom schimmerte und glitzerte«. Er verfügt über »glänzende Knopfreihen am Instrumentenbrett, eine funkelnagelneue rote Polsterung, ein elfenbeinfarbenes Faltverdeck und eine hellgrüne Haube.« Bei der ersten Ausfahrt bekam es dann dank der aufmerksamen

Der Chitty-Chitty-Bang-Bang sorgt für Aufsehen.

Kinder seinen Namen, weil es »chitty chitty sagte, als ob es nieste und bang bang für leise Explosionen.«

Bei einem Picknickausflug zum Schloss von Dover fährt der Wagen bis zu 180 km/h, fliegt über einen Stau und verwandelt sich in ein Schiff, als die Flut das am Strand stehende Auto umspült. Dank eines Miniatur-Radars von »Chitty Chitty Bang Bang« werden die Kidnapper der beiden Kinder außerhalb von Paris gestellt. Schließlich fährt und fliegt Familie Pott mit dem Auto nach Hause. In der deutschen Übersetzung heißt das Auto »Tschitti Tschitti Bäng Bäng«.

Die beiden James-Bond-Filmproduzenten Albert R. Broccoli und Harry Saltzman erwarben die Rechte an den Kinderbüchern, aber da Saltzman sich anderen Filmen zuwandte, produzierte Broccoli den Film alleine. Zunächst beauftragte er 1967 den amerikanischen Autor Earl Hamner jr., daraus ein Drehbuch zu entwickeln. Danach war es der Waliser Roald Dahl, der zuvor den fünften James-Bond-Spielfilm »Man lebt nur zweimal« geschrieben hatte, der gemeinsam mit Regisseur Ken Hughes die endgültige Version verfasste.

»EIN OLDTIMER, DER ZUGLEICH FLIEGEN UND SCHWIMMEN KANN«

Broccoli war zunächst skeptisch,

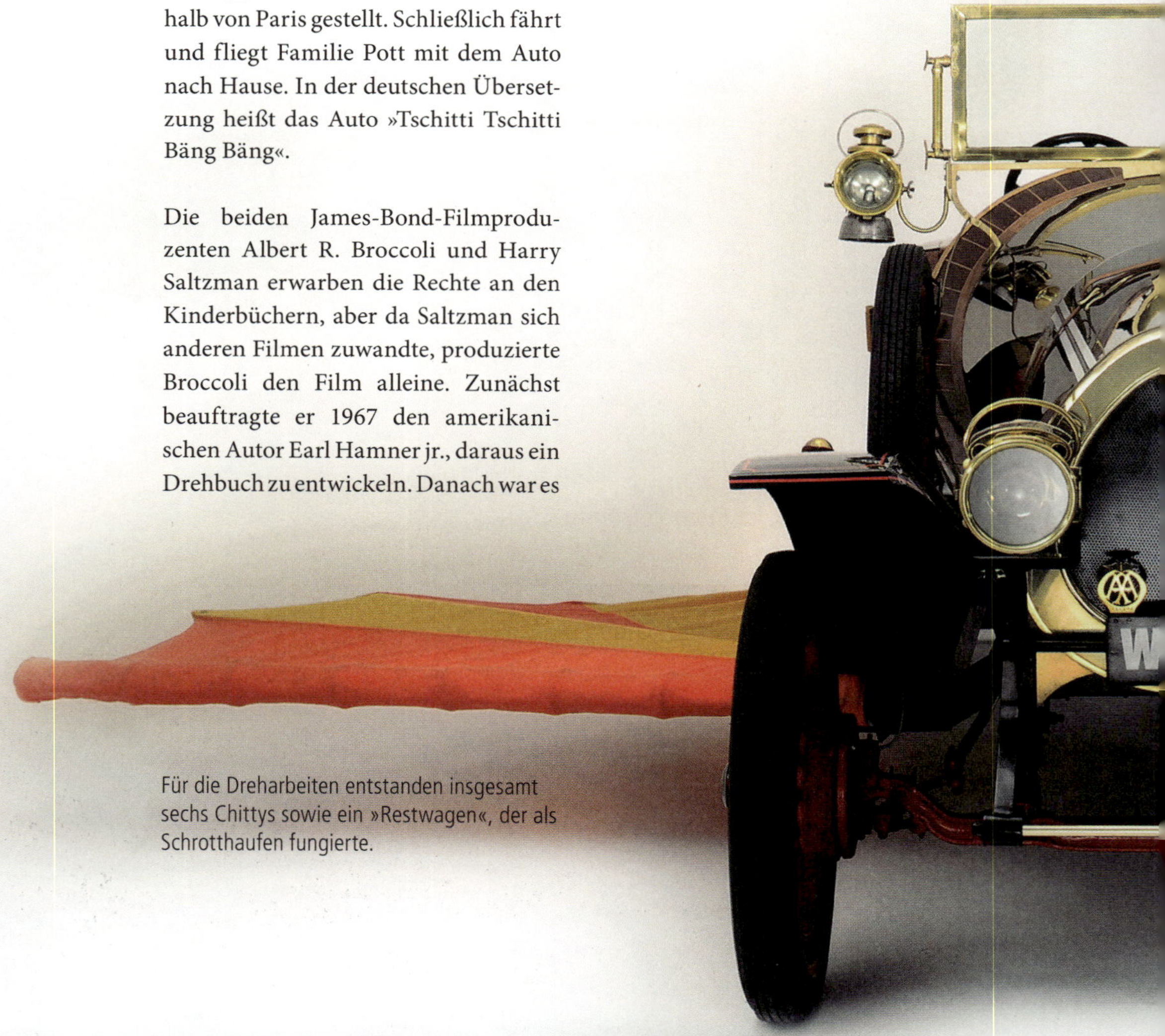

Für die Dreharbeiten entstanden insgesamt sechs Chittys sowie ein »Restwagen«, der als Schrotthaufen fungierte.

aber als das Filmmusical »Mary Poppins« zu einem Welterfolg wurde und der Aston Martin DB 5 aus dem Film »Goldfinger« sich als große Attraktion entpuppte, war er überzeugt, dass das auch mit Flemings »Wunderauto« gelingen konnte. Filmverleih United Artists sagte zu und Broccoli engagierte eine Reihe der Kreativen, die auch den fünffachen Oscargewinner »Mary Poppins« zum Erfolg geführt hatten. Das Auto erschuf der deutschstämmige Designer Ken Adam. Der war schon für den Bond-Aston-Martin verantwortlich. Er wandte sich an die englische Firma »Alan Mann Racing«, um sich gemeinsam über ein Film-Chitty Gedanken zu machen. Mann war der Chef des Ford-Rennteams. Die Firma erhielt den Auftrag nach Adams Vorgaben drei Film-Chittys zu bauen, doch es stellte sich heraus, dass diese für die vielfältigen Einsätze im Film nicht ausreichend waren. So entstanden sechs Chittys sowie ein »Restwagen«, der als der Haufen Schrott fungierte, den der Familienvater bei dem Schrotthändler findet. Basis waren Ford-V6-Motoren mit einem Automatikgetriebe wie Ken Adam erzählte: »Ich hatte immer geglaubt, alles designen zu können. Aber bei Tschitti kamen mir Zweifel. Es sollte wie ein Oldtimer aussehen, aber zugleich fliegen und schwimmen können. Ich musste das Fahrzeug völlig neu erfinden. Ford hatte uns ein Chassis und den Motor zur Verfügung gestellt, und mir kam die Idee, die Karosserie ein

Aus der Vogelperspektive sind die Auftriebshilfen besonders gut zu erkennen.

wenig wie ein Boot aussehen zu lassen, in Anlehnung an die alten Bugattis oder Rolls-Royce.« So erschufen Bootsbauer in Windsor die Karosserie aus weißem und rotem Zedernholz. Die Räder wurden aus einer Legierung gegossen und Holzspeichenfelgen nachempfunden. Die Messingaufbauten wurden von Edwardian-Vehikeln aus der Zeit von 1900 bis 1914 entfernt und restauriert. Das legierte Armaturenbrett kam aus einem Kampfflugzeug des Ersten Weltkriegs. Die im Juni 1967 fertiggestellten Wagen wogen rund zwei Tonnen und waren knapp 5,20 Meter lang.

Nach Adams Zeichnungen entstanden Chittys für die verschiedenen Aufnahmen, die sich Roald Dahl einfallen lassen hatte: ein fahrfähiges Auto und ein beinahe identisches Double für die Straßen Szenen. Ein Auto ohne Motor für die Sequenz, in der der Wagen vom Wasser eingeschlossen wird. Eine leichte

Karosse aus Fiberglas, die auf ein Boot montiert wurde, um den Schwimmeffekt zu erzielen. Ein Wagen, der auf einem Trailer gezogen wurde, um die Dialoge mit den vier Akteuren aufzunehmen, und einer, der die seitlichen Flügel ausklappen konnte, für die Luftaufnahmen. Hauptdarsteller Dick van Dyke war vom Aussehen des Wagens begeistert: »Das Auto sah authentisch aus, glich aber keinem existierenden Wagen. Alles daran war echt. Die Holzarbeiten waren wunderschön. Es gab ein wunderbares klassisches Boot im Heck. Der Wagen hatte einen Motor, der, für ein so schweres Auto, nicht besonders leistungsstark war. [...] Es gab sechs Stück davon. Das leichtere Auto wurde für die Flugszenen vor der Blue Screen verwendet. Wir haben viel Zeit in dem Auto zugebracht und viele Lieder gesungen, weil alles lange gedauert hat. In der Mittagspause vergaßen sie manchmal, dass wir immer noch da oben in dem Auto saßen.«

»DER WAGEN HATTE EINEN MOTOR, DER FÜR EIN SO SCHWERES AUTO NICHT BESONDERS LEISTUNGSSTARK WAR.« – DICK VAN DYKE

Rund vier Millionen Pfund (damals über 40 Millionen Mark), standen Produzent Broccoli als Budget zur Verfügung, wovon ein erheblicher Teil in die Autos floss. Gedreht wurde 28 Wochen lang vom 17. Juli bis zum 4. Oktober 1967 im englischen Buckinghamshire, an der Windmühle in Ibstone, in den Londoner Pinewood Studios, in Frankreich nahe St. Tropez sowie in Deutschland im Schloss Neuschwanstein, in Dinkelsbühl und Rothenburg ob der Tauber. »Ein paar der Fahrszenen wurden in Südfrankreich gedreht, weil das Wetter in England zu schlecht war. Dort fuhren wir auch manchmal durch Weinberge, das sieht überhaupt nicht englisch aus«, so Hauptdarsteller Dick van Dyke.

»DER MOTOR SIEHT FANTASTISCH AUS«

Drehbuchautor Roald Dahl hat Flemings Geschichte stark verändert und sie in die Zeit um 1908/09 vorverlegt. Gleichgeblieben ist das Grundkonzept des Erfinders Caractacus Potts (statt Pott), der allerdings als Witwer mit den Kindern Jeremy und Jemima und dem Großvater zusammenwohnt. Potts erwirbt für 30 Shilling ein Auto, das dreimal hintereinander den Grand Prix gewonnen hat, aber bei einem Rennen in Flammen aufging und seitdem bei einem Schrotthändler herumsteht.

»Der Motor sieht fantastisch aus«, sagt er, als er den Wagen das erste Mal sieht und beginnt umgehend mit der Arbeit. Erst nach knapp 50 Minuten der Filmhandlung schiebt ihn Potts vollkommen restauriert aus seiner Garage. Der Wagen verfügt über eine glänzende lange Motorhaube aus Aluminium, eine Karosserie aus Zedernholz, rote Sitze, schwarze Kotflügel und das Nummernschild »GEN 11«. Bei der ersten Ausfahrt zum Strand treffen der Vater und seine beiden Kinder zufällig auf Truly Scrumptious (Sally Ann Howes), die Tochter eines Süßwarenfabrikanten, picknicken gemeinsam und Caractacus erzählt die Geschichte des bösen Baron Bomburst (Gert Fröbe), der keine Kinder mag. Plötzlich werden sie von der Flut überrascht, eingeschlossen und von Bombursts Schiff angegriffen. »Verfolgt das Auto. Ich will das Auto«, ruft der, doch »Chitty« verwandelt sich, wird zum Rennboot und entkommt dem Angreifer. Daraufhin sendet der zwei Spione los, um das Auto zu entführen. Sie kidnappen aber den Großvater, den sie irrtümlich für den Erbauer des Autos halten. Mit der Konstruktion eines eigenen Autos für den Baron ist er überfordert: »Aber Gentlemen, ein schwimmendes Auto ist unmöglich«, entgegnet der. Doch Familie Potts und Truly kommen dem Opa zu Hilfe. Dank Chitty nehmen sie die Verfolgung auf, rasen auf eine Klippe zu und fliegen den Entführern hinterher. Schließlich landen die vier in Bombursts Reich »Vulgaria«, wo die Kinder entführt werden. Caractacus und Truly befreien die Kinder aus dem Schloss von Bomburst und fliegen mit dem Auto davon. Es entstand eine stark veränderte Filmmusical-Version des Stoffes, die 142 Minuten dauerte.

Am 12. Dezember 1968 wurde in London eine Charity Premiere zu wohltätigen Zwecken veranstaltet. Vier Tage später folgte die Welturaufführung. Rund um den Filmstart pumpte der Filmverleih United Artists eine halbe Million Pfund (fast sechs Millionen Mark) in die Werbung und warf unzählige Merchandise-Artikel auf den Markt. Modelle von Corgi Toys erschienen im Maßstab 1:43. Das detailliert gearbeitete Spielzeug mit Figuren der vier Hauptdarsteller wurde bis 1972 produziert und über 750.000-mal verkauft. 1992 entstand zudem ein Jubiläumsmodell des Autos, das dem Original bis auf die hölzerne Bodenplatte und die Verpackung gleicht. Zum Filmstart wurden die Original-Autos ausgestellt. In einem Preisausschreiben rief man Interessierte auf, eine eigene »Chitty Chitty Bang Bang«-Nachbildung zu kreieren. Der Sieger erhielt 5.000 Pfund (fast 30.000 Mark) für sein Modell. Bevor der Film zu Ostern am 14. März 1969 in die deutschen Kinos kam, lud der Filmverleih 700 Kinder in den Münchner City-Filmpalast ein, und alle erhielten ein kleines Spielzeugmodell. 13 Kinderheime und Waisenhäuser bekamen ein großes Spielzeugmodell und unter ihnen wurden auch noch zwei Chitty-Tretautos verlost.

Heather
Ripley als Jemima mit einem der Spielzeugmodelle.

Ein großer Erfolg war dem Film jedoch mit einer Ausnahme nicht beschieden, denn der Titelsong der Gebrüder Richard und Robert Sherman wurde für einen Oscar nominiert. Kaum zu glauben, dass die anrüchige Zeile nun plötzlich Kinderlied-tauglich war. Der Film spielte in den USA nur 7,5 Millionen Dollar ein. Steven H. Scheuer schrieb

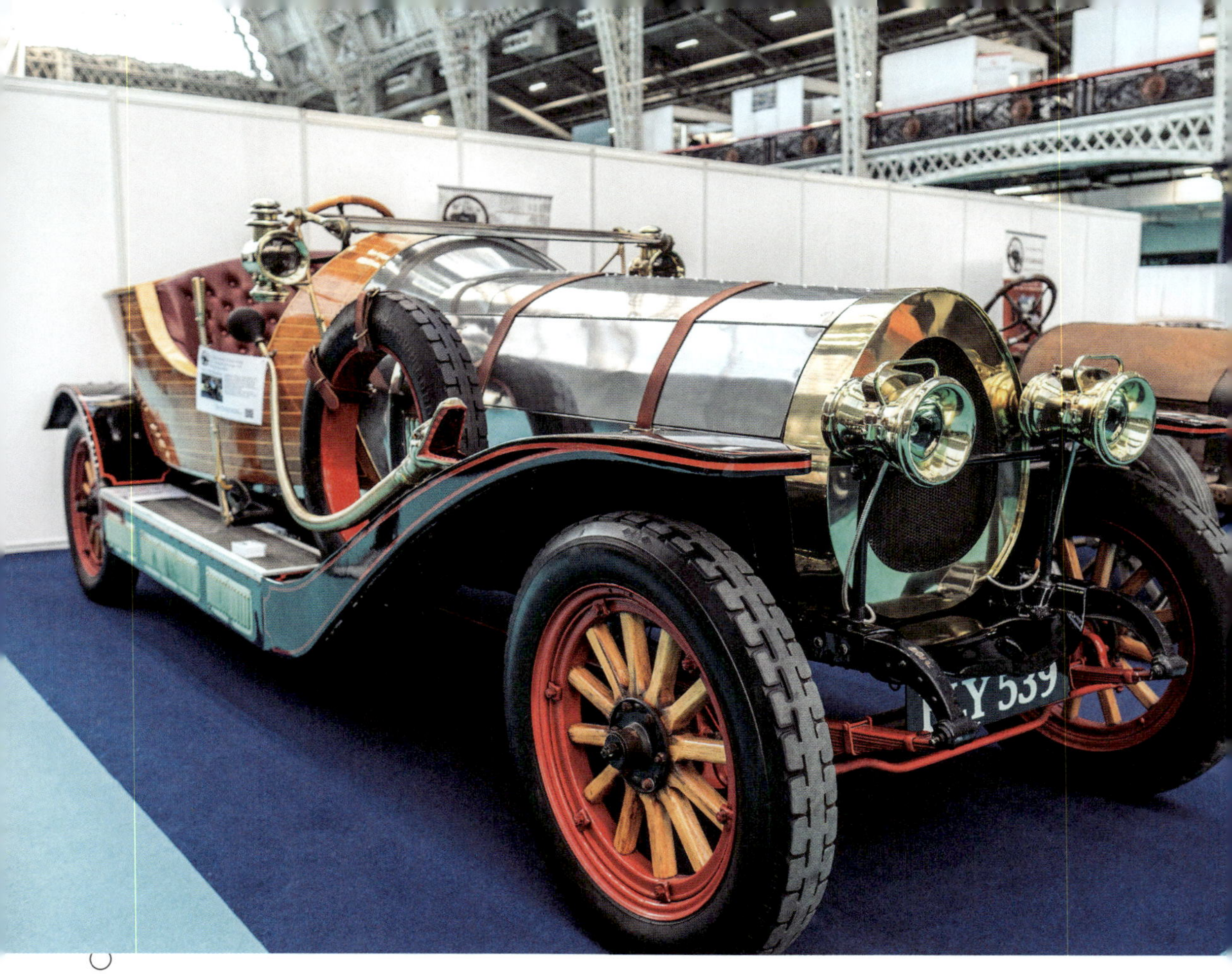

in seinem renommierten Buch »Movies On TV« völlig zurecht: »Der Wagen geht zwar ab und zu mal in die Luft, aber der Film selbst hebt nie ab.« Andere beklagten die »schlimmsten Spezialeffekte, die je zu sehen waren«. So gerieten der Film und die Autos nach einer großen Welttournee bald in Vergessenheit.

MICHAEL JACKSON, SIR PETER JACKSON: SECHS, SIEBEN FAHRZEUGE ODER ACHT ...?

Hauptdarsteller Dick van Dyke erzählte 2011, dass man ihm nach Ende der Dreharbeiten Mitte Oktober 1967 einen der Wagen für 30.000 Dollar anbot. Er zeigte allerdings kein Interesse. Ein Wagen wurde 1975 bei einer Auktion für gerade mal 37.000 Dollar versteigert.

Im August 1990 wurde im amerikanischen Auburn ein Wagen auf einer Auktion angeboten, der rund 400.000 Mark erzielte. Dem englischen Sammler Peter Nelson gelang es, gleich zwei Fahrzeuge für sein »Cars of the Stars« Museum

Eines der Filmautos auf der Classic Car Show in London.

(1989–2011) zu erwerben, wovon er eins im November 2001 wieder abgab. Das war ab dem 16. April 2002 auf einer großen Bühne zu sehen, denn da startete das Musical »Chitty Chitty Bang Bang« im Londoner Palladium Theater. Produzentin Barbara Broccoli, die Tochter des damaligen Filmproduzenten Albert R. Broccoli, hatte das Auto aus dem Museum im englischen Keswick, das jahrelang auch das Rennboot-Auto besaß, für die Bühnenshow erworben und mit einem Budget von zehn Millionen Dollar eines der teuersten Musicals aller Zeiten in Großbritannien finanziert. Drei Jahre später reiste der Wagen in die USA, denn das Musical feierte am 28. April 2005 im Hilton Theatre am Broadway seine US-Premiere. Es lief nur bis zum 31. Dezember.

Das zweite Fahrzeug aus der »Cars of the Stars«-Sammlung, erwarb der amerikanische Multimillionär Michael Dezer im Jahr 2011 und stellte es in seinem Miami Auto Museum aus. Seit dem Juni 2022 ist dieses Fahrzeug in »Stahls Automotive Collection« in Chesterfiel, Michigan, nördlich von Detroit zu sehen. Der Wagen, der für einige wenige der Fahraufnahmen genutzt wurde, ist zwar nur für etwa drei Minuten im Film präsent, absolvierte aber zum Filmstart eine große Promotiontour durch die USA.

Nach den 1968/69er-Kinopremieren und diversen Werbeauftritten von Chitty, kaufte der Engländer Peter Picton, der sich schon während der Dreharbeiten um die Wagen gekümmert und Dick van Dyke bei Fahrszenen gedoubelt hatte, zwei der fahrfähigen Wagen. Der eine war tatsächlich auf das Kennzeichen »GEN 11« registriert . Der andere wurde für öffentliche Auftritte im Zirkus, in Eis-Shows und für Auftritte in englischen Kindersendungen der 70er-Jahre modifiziert.

Später verkaufte er seinen zweiten Chitty an den »Heathfield Wildlife Park«, der dann an den »Rotunda Fun Park« in Folkstone. 1980 erwarb ihn ein Privatsammler. Picton behielt »GEN 11« und nahm damit an Autoshows und Wohltätigkeitsveranstaltungen teil. Ein Angebot von 500.000 Dollar (andere Quellen: 500.000 bis 750.000 Pfund) von Michael Jackson, der den Wagen 1990 bei einer Parade sah, lehnte er ab. Er sagte damals, dass es keinen Betrag geben würde, der ihn überzeugen könnte, ihn zu verkaufen. Er wollte, dass der Wagen in England bleibt, ließ den Motor auf bleifreies Benzin umrüsten und mit Sicherheitsgurten ausstatten, um umweltschonend zu sein und sicher zu gehen, dass den Kindern, die er mitnahm, nichts passierte. Doch seine nachlassende Gesundheit fordert ihren Tribut. Der Wagen wurde im Jahr 2000 bei einer Auktion in Los Angeles für 500.000 Pfund versteigert. 2011 kam er erneut für 807.755 Dollar unter den Hammer, Picton kommentierte, dass er Chitty »schmerzhaft vermisst, denn es ist ein magischer Wagen. Man fühlt sich darin wie ein König, den jeder sehen möchte.« Er starb im November 2016.

Einer der Käufer seines Wagens war Regisseur Peter Jackson (»Der Herr der Ringe«). Er zahlte 987.000 Neuseeländische Dollar dafür und ließ ihn in seine Heimat Neuseeland bringen, wo Chitty das neue Kennzeichen GEN 1i bekam. Als Überraschung für das Drehteam von »Herr der Ringe« tauchte er eines Tages damit in den Studios auf und stellte den Wagen auf dem für ihn reservierten Parkplatz ab. Nach seinen Aussagen waren »nicht nur die Kinder davon schwer begeistert, sondern auch die 40- bis 50-jährigen.« Das lag wohl auch daran, dass er sporadisch Schauspieler und Crewmitglieder nahe seiner Special Effects Firma Wētā in Wellington

Ein Chitty bei der Londoner Formula 1 Regent Street Parade am 6. Juli 2004.

damit spazieren fuhr und währenddessen auch den Titelsong des Films erklingen ließ.

Jackson plant seit vielen Jahren ein Filmmuseum in seiner Heimat und hat im September 2024 für 105 Millionen NZD (57 Millionen Euro) ein großes Stück Land in Lyall Bay im Wellingtoner Vorort Rongotai gekauft. Bis es so weit ist, soll sein Wagen Teil einer Ausstellung im Hood Aerodrome in Masterton sein. Dort dürfen auch Kinder darin mitfahren. Als Gebühr fällt eine Spende für wohltätige Zwecke an.

ZWEI KLEINE CHITTYS IM MASSSTAB 1:4 UND SIEBEN REPLIKEN

Der Wagen, der im Film vom Wasser umspült wird, wurde dafür zum Teil umgebaut. Damit die Messing-Elemente nicht korrodieren, wurden sie durch Aluminium ersetzt. Auch Frontgrill und Auspuffanlage erscheinen eher silbern statt golden. Für die Nahaufnahmen wurde ein weiterer Wagen genutzt, auf einen Anhänger geladen und hinter dem Kamerafahrzeug gezogen. Er gelangte in den Besitz des englischen Unternehmers und Autosammlers Anthony Bamford. Beide Wagen waren eine Zeitlang im National Motor Museum im englischen Beaulieu zu sehen. Der »Wasserwagen« ist immer noch dort.

Zusätzlich wurden zwei kleine Chittys hergestellt. Die englische Firma Shawcraft Models Ltd. in Uxbridge fertigte sie im Maßstab 1:4. Die Modelle kamen in zwei Sequenzen zum Einsatz: Wenn das Auto »fliegt« ist das Modell von weitem zu sehen, wenn das Auto »schwimmt«, wirkt es wie ein Hovercraft, wurde aber auf ein Speed-Boat montiert. Die beiden Miniaturen existieren noch und gehören der Firma Eon Productions, die bis auf zwei alle James-Bond-Filme produziert hat.

Dieser Chitty ging 2016 in den Besitz von Peter Jackson über und wurde nach Neuseeland gebracht.

KAPITEL 9

»WE BELIEVE YOU« – GHOSTBUSTERS

ECTO-1
NEW YORK

»WE BELIEVE YOU« – DAS ECTOMOBILE ECTO – 1 AUS DER »GHOSTBUSTERS«-REIHE (1984 – 2024)

Manchmal entstehen Ideen aus Familien heraus, wie im Falle des kanadischen Schauspielers Dan Aykroyd, denn ohne dessen Opa Samuel Augustus Aykroyd und sein Interesse an Übersinnlichem hätte es die »Ghostbusters«-Reihe wohl nie gegeben.

Der ehemalige Lehrer und Zahntechniker Samuel Augustus Aykroyd (1855–1933), entwickelte schon früh eine Begeisterung für das Paranormale und veranstaltete ab 1921 beinahe wöchentlich Séancen, um mit Toten und Geistern in Kontakt zu treten. Außerdem war er von der Existenz von Ectoplasma und Geistern überzeugt. Aykroyds Sohn Dan, aber auch sein Enkel (ebenfalls) Dan, beschäftigten sich intensiv mit den Arbeiten von Samuel Augustus. Der Letztgenannte, der als Schauspieler und Drehbuchautor bekannt wurde, nannte das Ganze einmal »eine Familienangelegenheit – um Himmels Willen.«

»ER SIEHT EIN BISSCHEN AUS WIE DER WAGEN EINES CLOWNS.« – DAN AYKROYD ÜBER DAS ECTOMOBILE

Anfang der 80er-Jahre begann Dan Aykroyd seiner Familie ein Denkmal zu setzen. Er skizzierte eine Geschichte um drei Geisterjäger in Chicago und sah seine Freunde John Belushi, Eddie Murphy und sich selbst in den Hauptrollen. Belushi und er hatten 1980 mit den »Blues Brothers« bewiesen, dass sie als komisches Duo gut funktionierten. Murphy und er waren 1983 mit dem Film »Die Glücksritter« erfolgreich. Doch Belushi starb am 5. März 1982 an einem Drogencocktail und Murphy lehnte ab, sodass sich Aykroyd an seine Kollegen Harold Ramis und Bill Murray wandte, mit denen er bereits in der US-Comedy Show »Saturday Night Live« aufgetreten war. Aus der 70 bis 80 Seiten umfassenden Story-Idee schufen Ramis und Aykroyd ein Drehbuch und gewannen Ivan Reitman für die Regie.

»DER WAGEN EINES CLOWNS«

Zunächst trug das Skript Arbeitstitel wie »Ghoststoppers«, »Ghostbreakers« oder auch »Ghostsmashers«. »The Ghost Busters« war bereits vergeben, denn die

»Universal Studios« hatten 1975/76 bereits eine 15-teilige TV-Serie mit diesem Titel ausgestrahlt. Doch dann einigte man sich mit dem Rechteinhaber und das nun »Ghostbusters« betitelte Spielfilmprojekt nahm Fahrt auf. Aykroyd wollte von Anfang an einen Krankenwagen als Gefährt für die Geisterjäger. Nach seinen Beschreibungen war das »Ectomobile« genannte Fahrzeug (von Ectoplasma) Schwarz oder Purpur, mit purpurfarbenen Lichtern. Kameramann László Kovács war dagegen, weil Teile des Films abends oder nachts spielen. So entschied man sich für weiß. »Er sieht ein bisschen aus wie der Wagen eines Clowns«, gestand Aykroyd später, »aber wir waren ja auch eine Gruppe von Clowns.« Die Basis war ein 59er Cadillac Serie 62 mit langen Heckflossen, dem man durchaus zutraute, dass er auch fliegen konnte. »Wir mussten ihn abspecken, damit er durch die New Yorker Tunnel passt«, so Aykroyd weiter, aber er musste auch besondere Ausmaße haben, weil er vier Männer und das Equipment wie die Proton-Packs transportieren musste, die die Geisterjäger auf dem Rücken tragen.« »Das Handling ist nicht gerade toll«, so Ray Claridge, der Eigentümer von Cinema Vehicle Services. »Die Wagen sind schwer und behäbig. Dass einige Stunts überhaupt funktioniert haben, ist eher ungewöhnlich.«

In der letztlich umgesetzten Geschichte geht es zunächst um drei Wissenschaftler, die Parapsychologen Ray Stantz (Aykroyd), Peter Venkman (Murray)

Die Feuerwache Hook & Ladder Company 8 Firehouse in New York dient als Hauptquartier der Geisterjäger.

Bill Murray, Dan Aykroyd and Harold Ramis (l-r) challenge New York City's finest phantasms in Columbia Pictures' n "GHOSTBUSTERS," produced and directed by Ivan Reitman from an original screenplay by Aykroyd and Ramis. Sigourney Wea Moranis also star.

und Egon Spengler (Ramis), die eine ausgediente Feuerwache kaufen, um sich als Geisterjäger selbstständig zu machen. Dort taucht Stantz auch erstmalig mit dem Wagen auf.

»ICH HABE EINEN WAGEN GEFUNDEN.«

»Erstmal zu eurer Beruhigung, ich habe einen Wagen gefunden. An der Aufhängung muss gebastelt werden, an den Stoßdämpfern und Bremsen, die Bremsbeläge an den Leitungen, die Vergaser, am Getriebe, und …«

Das sind Rays Sätze, als er erstmals mit dem Wagen vor dem Büro der Geisterjäger vorfährt. Kollege Venkman ist wenig begeistert. Kein Wunder, denn der schwarze 59er Cadillac Miller-Meteor (im Drehbuch war ursprünglich von einem 75er Cadillac Ambulance die Rede) aus dem Ray aussteigt, hat allein an der rechten Seite vier große, lediglich grundierte Stellen. Sie deuten darauf hin, dass noch Ausbesserungen vorgenommen werden müssen. Und das ist nicht alles. »Vielleicht ein neues Motorblöckchen, der Auspuff und ein paar Kabel, na

Im Angesicht der Geister: Die Ghostbusters bei der Arbeit.

ja. Es müssen Reparaturen durchgeführt werden«, heißt es weiter. Nach knapp zwanzig Minuten des ersten »Ghostbusters«-Films wird man Zeuge der Geburt eines ikonischen Movie Cars, das seit mehr als 40 Jahren, in fünf Spielfilmen und hunderten TV-Folgen die Film-Welt bereichert hat. Doch so wie dieser Wagen eingeführt wird, war der erste Auftritt niemals konzipiert. Tatsächlich sollte der Wagen aus der Garage der Ghostbusters herausfliegen. Aykroyd wollte seine Geisterjäger auch im Weltraum agieren lassen, doch der Regisseur verwarf die Idee mit Blick auf die möglichen Kosten von »200 Millionen Dollar«, so Ivan Reitman.

Außerdem wollte er das Trio erstmal bei der Arbeit zeigen. Bei der Stadt Chicago als Basis blieb es auch nicht. Stattdessen entstanden große Teile in New York, Los Angeles und in den dortigen Studios von Columbia Pictures. Die Geschichte spielt in New York. Dort entstanden auch große Teile des Films, sowie in Los Angeles und in den dortigen Studios von Columbia Pictures.

DEMATERIALISATION UND EIN BRENNENDER STRAFZETTEL

Im Verlauf der Handlung gewinnen die Geisterjäger die von Sigourney Weaver gespielte Dana Barrett als erste Kundin, die auf unerklärliche Phänomene in ihrem Appartement stößt. Sie bekommen mit Winston Zeddemore (Ernie Hudson) einen vierten Geisterjäger dazu und müssen sich mit einem Gott, einem

Winston (Ernie Hudson) amüsiert sich, denn Peter (Bill Murray) wurde zugeschleimt.

Halbgott, einem Dämon und mehreren »Kleingeistern« herumärgern, um den Big Apple von viel Hokuspokus und sich selbst von viel Schleim zu befreien.

Bevor die Dreharbeiten im Oktober 1983 in New York begannen, bekam Produktionsdesigner Stephen Dane, der schon die Fahrzeuge für Ridley Scotts Science-Fiction-Klassiker »Blade Runner« erschaffen hatte, den Auftrag, nach einem passenden Fahrzeug zu suchen und dieses filmgerecht umzubauen. Er fand den 59er Cadillac Miller-Meteor bei der Firma Frank Corrente Cadillac Corner in West Hollywood – in braun (Kennzeichen: 17286 H). John Daveikis hatte nach dem Lesen des Drehbuchs Skizzen und Zeichnungen angefertigt, auf denen der Wagen noch viel fantastischer aussah als im fertigen Film. Er verfügte auch über einige Extras, die es nicht auf die Leinwand schafften. Dazu zählte, dass er sich dematerialisieren konnte, um sich so der Verfolgung durch die Polizei zu entziehen und eine schöne Idee, die leider auch auf der Strecke blieb: Ein New Yorker Polizist versucht an der Windschutzscheibe des Vehikels einen Strafzettel anzubringen. Dann erscheinen Sensoren, die ihn dabei beobachten. Der Zettel erhitzt sich, fängt an zu brennen und löst sich in Rauch auf. Der Polizist wird nervös – und gibt auf.

»DA IST ETWAS SEHR WICHTIGES, DAS ICH VERGASS EUCH ZU SAGEN: IHR DÜRFT NIE DIE LASERSTRÖME KREUZEN!«

– HAROLD RAMIS ALS DR. EGON SPENGLER

Stephen Dane machte sich auf dem Studiogelände von Columbia Pictures in Hollywood an die Umbauten des »Ectomobile«, weil er dort mit einem Team von Ausstattern und Technikern daran arbeiten konnte. Neben der neuen Lackierung zählte auch nach dem Vorbild von Feuerwehrautos eine beinahe futuristische Dachgestaltung mit jeder Menge Sonderausstattung, etwa eine Fernsehantenne, eine Klimaanlage, eine Radaranlage, Fächer zur Ablage und »weiteren Unsinn«, wie er einmal anmerkte. Schließlich spendierte er auch ein neues Nummernschild. Es lautet »ECTO-1«.

EIN ZU GROSSES MECHANISCHES TIER

Ein Erkennungszeichen des Wagens kam auch noch hinzu: die besondere Sirene. Sound-Designer Richard Beggs verbrachte viel Zeit damit, den passenden Ton zu finden. Letztendlich verwendete er das Knurren und Zähnefletschen eines

Leoparden, das er rückwärts abspielte. Er bezeichnete den Wagen später als ein »mechanisches Tier«. Doch der Wagen wurde nicht rechtzeitig fertig. Der für die Requisiten zuständige Mann hatte sich auf den Ausstatter verlassen und andersherum. Nach einer »sehr hektischen Phase«, wie jemand aus dem Team anmerkte, rauften sich alle Abteilungen zusammen und eineinhalb Wochen später war der Wagen endlich einsatzbereit.

Dennoch mussten die gleich zu Anfang geplanten Dreharbeiten mit dem Fahrzeug verschoben werden, denn es tauchte ein neues Problem auf: der Transport. Die Reise des »Ectomobile« von Los Angeles nach New York in einem Flugzeug war nicht zu machen. Dafür war der Wagen zu groß. So wurde er auf einen Eisenbahnwaggon verladen – ohne Dachaufbau. Dieses Bauteil reiste per Flugzeug in den Big Apple. Das Ganze kostete fast weitere fünf Tage.

Das durch die Aufbauten erzeugte Gewicht des Wagens, aber auch dessen Mechanik, sorgten für Probleme bei den Dreharbeiten. Zum Glück für die Techniker sind die Szenen mit dem Cadillac nicht besonders umfangreich. Das Team rast mal aus der Feuerwache heraus und kurvt zweimal zu Einsätzen durch die Straßen. Einmal ist zu sehen, wie ein vorderer Scheinwerfer nicht funktioniert. Als Hauptquartier diente die Firestation

Volle Dröhnung: Die Geisterjäger bei der Arbeit.

No. 23 an der 225 E 5th Street in Los Angeles. Dort entstanden die Innenaufnahmen. Nur das Äußere ist in New York. Dafür wurde das Feuerwehrhaus Hook & Ladder Company 8 Firehouse in der North Moore Street in Lower Manhattan im Stadtteil Tribeca genutzt, das es schon seit dem Jahr 1903 gibt. Die Fahrszenen in der Ostküstenmetropole wurden zum größten Teil gleich am ersten Tag / in der ersten Nacht gedreht – nach verschiedenen Quellen ohne Erlaubnis. Das ist jedoch kaum vorstellbar, denn Dreharbeiten wie diese sind sehr streng reglementiert und mit Auflagen verbunden. Vielleicht wollte man die Geschichte des Wagens so interessanter machen. Auch die später verbreitete Anekdote, dass Dan Aykroyd ihn bei den Aufnahmen selbst fuhr und währenddessen von einem Sicherheitsmann verfolgt wurde, klingt eher nach PR.

Nach 15-wöchigen Dreharbeiten fiel im Februar 1984 die letzte Klappe und schon vier Monate später, am 7. Juni 1984, wurde »Ghostbusters« in den »Avco Center Cinemas« in Westwood, Los Angeles uraufgeführt. Er entpuppte sich umgehend als großer Kassenerfolg und wurde in den USA zum erfolgreichsten Film des Jahres noch vor »Indiana Jones und der Tempel des Todes«. Damit war eine Fortsetzung sicher.

GHOSTBUSTERS II – »FOR HIRE WE'RE BACK«

Schon im Jahr 1985 gab es ein Treffen von Dan Aykroyd, Harold Ramis und

Regisseur Ivan Reitman, um an einer Fortsetzung zu arbeiten, doch aufgrund eines Wechsels an der Spitze des Filmstudios wurde erst im Frühjahr 1988 verkündet, dass alle Hauptdarsteller ihre Rollen erneut spielen und Reitman wieder inszenieren würde. Der Arbeitstitel »Ghostbusters II« wurde im Oktober bekanntgegeben, auch wenn später auch mal ein weiterer eher verwirrender Titel kursierte: »The Last of the Ghostbusters«.

Dadurch, dass sich die Arbeiten an der Fortsetzung immer wieder verschoben, stand der Wagen unbenutzt in den Columbia Studios in LA und rostete vor sich hin. Schließlich beklagten sich Fans über dessen bedauernswerten Zustand. Er wurde restauriert und eine Zeitlang im Petersen Automotive Museum in Los Angeles ausgestellt. Als die Vorbereitungen für den zweiten Teil schließlich begannen, musste erstmal eine Menge Service gemacht werden. Offensichtlich wurde aber nicht genug für den Wagen getan, was sich später rächte. Aus einer Produktionszeichnung von Stephen Dane vom 31. Oktober 1988 geht hervor, dass er für »Ghostbusters II« diverse Änderungen am Wagen vornehmen wollte, die auch umgesetzt wurden. Die gesamte Dachplattform wurde angehoben. Alle Fenster bekamen eine purpurfarbene Tönung. Die Bremslichter erhielten den Schriftzug: »BACK OFF«. Die Lichtleiste darüber wurde aerodynamischer und bekam mehr grüne und blaue Farben. Auf dem Dach wurden mehr Antennen postiert, wovon eine zusätzlich eine leuchtende Spitze bekam. Außerdem wurden drei Lautsprecher und vorn und hinten je eine sogenannte Utility Box für wichtige Teile befestigt. Die Frontpartie bekam eine andere, auch aerodynamisch gestaltete Lichtleiste, die auch ein Stroboskoplicht ausstrahlen konnte und eine Art von Windheuler wurde ganz vorne auf der Fronthaube platziert, dort wo üblicherweise eine Kühlerfigur prangt. Sicherheitsstreifen kamen an die Seiten des Wagens – oberhalb und unterhalb der Fenster. Die hintere Stoßstange, zu der auch das Nummernschild gehört, wurde rot und passt so besser zu den roten Heckflügeln. Hinzu kamen die Schriftzüge MK 2 und das Nummernschild bekam einen neuen Schriftzug. Darauf steht nun: ECTO – 1 A Commercial. Darauf ist auch eine rote Freiheitsstatue zu sehen.

»WE BELIEVE YOU«

Die Dreharbeiten begannen am 28. November, aber während der zwei Wochen in New York gab es Probleme mit dem Wagen. Das Ectomobile ging ausgerechnet während der Aufnahmen auf einer Brücke kaputt und musste zum Teil geschoben werden, worüber der Regisseur nicht gerade erfreut war. Er saß einmal selbst am Steuer, als Dan Aykroyd verhindert war, und spürte das Ausmaß des Dramas am eigenen Leib. Die Unzulänglichkeit des Autos wurde auch thematisiert. Kurz nachdem ein Geist den Kinderwagen von Dana (Sigourney Weaver) fernsteuert, fahren die vier Geisterjäger zu einem Einsatz, doch der

Wagen stößt kräftige Rauchwolken aus. Tatsächlich fahren sie zu einem Kindergeburtstag und werden verspottet.

Der Film spielt fünf Jahre nach dem ersten Teil. Die Geschäfte laufen schlecht. Das verdeutlichen auch die Texte der Lichtleiste auf dem Dach: »Geisterjäger nehmen Aufträge an. Wir sind wieder da.« Im Original: Ghostbusters … »For Hire We're Back«. Außerdem findet sich ein vertrauenerweckendes »We Believe You« auf den Kotflügeln des Wagens. In der Geschichte muss das Team einen riesigen Schleimkanal unterhalb von Manhattan bekämpfen und sich einem

Großer Aufbau, wenig Einsatz: Das Ectomobile im zweiten Teil.

Karpatenfürsten aus dem Spätmittelalter stellen. Allzu viel zu tun hat der Wagen dieses Mal nicht. Das Ectomobile fährt mal vor dem Alexander Hamilton U.S. Custom House vor oder bei Rot über eine Kreuzung. In der Hinsicht wird Venkmans Wunsch aus dem ersten Teil endlich wahr, der als Teil einer Kolonne mit Polizeifahrzeugen den folgenden Satz von sich gibt: »Heute wollten wir mal über ein paar Rote«. Errötet vor Aufregung war sicherlich Peter Mosen, der sich als so großer Fan des Wagens entpuppte und mit einer selbstgebauten Replik des Ectomobile auch noch viel Werbung für den ersten Teil machte, als man ihm im zweiten Film eine kleine »Rolle« gab. Der Mann, der bereits eigene Geisterjäger-Kostüme geschneidert hatte und Ghostbuster Partys für Kinder veranstaltete, war mit Kollegen zusammen für die visuellen Effekte zuständig. Als bei einer Restaurantszene ein Gast fehlte, sprang er spontan ein. Aber nicht nur darum und um das gemeinsame Foto mit Bill Murray beneiden ihn viele Fans, sondern auch um ein ganz seltenes Stück Requisite: Er besitzt das Original-Autokennzeichen ECTO-1 aus dem ersten Film.

Dreh-Ende von Teil 2 war am 7. März 1989 und schon am 15. Juni war die Uraufführung im »Mann's Chinese Theatre« in Hollywood. Der zweite Teil kostete mehr und war nicht so erfolgreich wie der Vorgänger. Nicht verwunderlich also, dass man eine weitere Fortsetzung erstmal nicht in Betracht zog. Erst 2016 kam mit dem Film »Ghostbusters« (gab es den Titel nicht schon?) unter der Regie von Paul Feig eine Variante heraus, die mit völlig neuer (weiblicher) Hauptbesetzung antrat und zum

Merchandising-artikel fluteten weiterhin die Geschäfte.

veritablen Flop geriet. Eine tatsächlich an die ersten beiden Filme anschließende Geschichte erschien erst 2021, also satte 32 Jahre nach dem Start. »Ghostbusters: Afterlife«, der bei uns den »schönen deutschen« Titel »Ghostbusters: Legacy« erhielt, war sogar eine Familienangelegenheit, denn Jason Reitman, der Sohn von Ivan Reitman, inszenierte den Film. Doch zunächst ein Rückblick auf ein teures Missverständnis.

»GENERALÜBERHOLT« – »GHOSTBUSTERS« (2016)

2009 erklärte Schauspieler und Ko-Autor Harold Ramis, dass er sich einen dritten Film vorstellen könne, der dann 2011 oder 2012 herauskommen würde. Doch bei der Absicht blieb es, denn Bill Murray hatte bereits klargemacht, dass er daran nicht interessiert sei. Nach dem Tod von Schauspieler und Ko-Autor Harold Ramis am 24. Februar 2014, war erst recht völlig unklar, ob es mit der Reihe weitergehen sollte und vor allem wie. Daher trieb das Filmstudio Sony Pictures eine ganz anders geartete Neuauflage des Franchise voran – und erlebte ein Fiasko. Es deutete sich bereits 2015 an, als das Studio bekanntgab, die Hauptrollen mit Frauen zu besetzen. Fans waren schockiert – und nicht mehr interessiert. In der von Paul Feig inszenierten Neuauflage geht es um (zunächst) drei

Schleimig: Der dritte Film fiel bei Fans und Kritikern durch.

Wissenschaftlerinnen, die (wieder einmal) gefeuert werden. Melissa McCarthy (Abby), Kristen Wiig (Erin) und Kate McKinnon (Jillian) spielen sie. Später kommt noch Leslie Jones (Patty) als Mitarbeiterin eines New Yorker Transportunternehmens hinzu. Das Quartett entdeckt nicht nur Geister in der Stadt, sondern auch ein Netzwerk von Energiepunkten an dessen Schnittpunkt das Mercado Hotel steht. Mit einem anderen Wagen sind sie auch unterwegs. Patty bringt von ihrem Onkel einen schwarzen Leichenwagen mit rotem Dach und Weißwandreifen mit, der kurz danach von der technikbegeisterten Jillian mit einem neuen Erscheinungsbild versehen wird:

Patty: »Was hast du mit dem Leichenwagen von meinem Onkel gemacht?«
Jillian: »Generalüberholt.«

Das mobile Hauptquartier sieht trotz Überholung eher schlicht aus. Nach Angaben von Regisseur Paul Feig ist es ein 84er Cadillac Fleetwood Hearse, der nur wenig modifiziert, aber »eine eigene Version« wurde. Er veröffentlichte am 7. Juli 2015 ein Foto davon und zeigte so erstmals das Aussehen des Autos. Im Film tauchte auch, und das war wirklich neu, ein Motorrad mit dem Kennzeichen ECTO-2, eine AMF Harley-Davidson SX 175 Aermacchi, auf. Sie wird von dem von Chris Hemsworth gespielten Sekretär Kevin gefahren.

Die gesamten Dreharbeiten dauerten vom 18. Juni bis zum 19. September 2015.

Boston, sowie weitere Orte in Massachusetts und New York, dienten als Kulisse. Vor allem im Big Apple war der ECTO-1 im Einsatz, in der Chambers Street, vor dem Surrogate's Courthouse, südlich des Central Park und nahe einem Gebäude der Columbia University. »Wer von euch hat Lust, New York zu retten?«, fragt Abby, als das Quartett im Wagen aus der Garage (in Boston) losbraust, um nur Sekunden später durch New York zu fahren – Kinomagie eben. Leider funktionierte die nicht in Bezug auf den ganzen Film. Nicht nur das sogenannte »Atomding« auf dem Dach, von dem im Verlauf der Handlung die Rede ist, wirkt unscheinbar. Auffällig ist dagegen eine kleine silberne Ghostbustersfigur auf der Fronthaube. Die Kühlerfigur gibt kreischende Laute von sich und fungiert als Sirene.

Der Wagen kommt nur sehr wenig zum Einsatz und weil das Quartett chronisch klamm ist, kann es sich das bekannte Büro im Hook & Ladder Company 8 Firehouse für 21.000 Dollar Monatsmiete nicht leisten. Stattdessen startet es aus einer Garage neben »Zhu‘s Authentic Hong Kong Food« (tatsächlich das »Kaze Shabu Shabu«-Restaurant in der Harrison Avenue im Bostoner Stadtteil Chinatown). Ausgerechnet bei diesen Aufnahmen unterlief dem Drehteam ein schwerer Schnitzer, denn der Wagen ist dort bereits erstmals in der Garage zu sehen, bevor er überhaupt von Patty geliefert wird. Bei den DVD- und Blu-ray Veröffentlichungen wurde der Makel immerhin (digital) beseitigt.

Dass mindestens zwei (umgebaute) Wagen verwendet wurden, beweist auch der zweite schwere Fehler, denn die mal rote, mal blaue Lichtleiste am Heck des ECTO-1 erscheint mal als Reflexion

Ein 84er Cadillac Fleetwood Hearse diente 2016 als Ectomobile.

Das 2016er-Remake war ein Flop an den Kinokassen.

in der Garage, ist aber auf einmal verschwunden als der Ex-Leichenwagen in New York unterwegs ist. Bei einem Budget zwischen 140 und 150 Millionen Dollar sollten solche Anschlussfehler nicht passieren.

Immerhin wurde die zu Anfang noch vier Stunden und 15 Minuten lange Version noch stark gekürzt. Als die versuchte Wiederbelebung der Reihe am 9. Juli 2016 in Hollywood Premiere feierte, gab es eine Stunde und 57 Minuten zu sehen. Die DVD- und Blu-ray Käufer mussten 14 Minuten mehr ertragen. Der Film wurde zu einem veritablen Flop. Selbst die Kurzauftritte von Bill Murray, Sigourney Weaver, Ernie Hudson und Dan Aykroyd nützten nichts.

»Was sollen wir von den sogenannten Ghostbusters halten?«, sagt ein Nachrichtensprecher an einer Stelle. »Können wir sie tatsächlich ernst nehmen?«

Der geschäftliche Misserfolg führte dazu, dass man das Konzept der Reihe neu überdachte und fünf Jahre später mit einer runderneuerten Version an den Start ging. Darin kam speziell dem Ectomobile eine neue Bedeutung zu – und ungewöhnliche Extras bekam es auch.

»WAS HABEN DIE NUR MIT DIR GEMACHT?« – GHOSTBUSTERS LEGACY (2021)

»Was für eine Dreckskarre«, sagt Trevor, als er das in einer Scheune abgestellte und ziemlich heruntergekommene Fahrzeug zum ersten Mal sieht. Auch seine Schwester Phoebe ist nicht gerade angetan. Wie sich später herausstellt, sind die beiden Jugendlichen die Enkel von Egon Spengler, die mit ihrer alleinerziehenden Mutter Callie (Carrie Coon) in ein Haus auf dem Land in die (fiktive) Stadt Summerville in Oklahoma gezogen sind. Sie haben das Haus geerbt. So nach und nach erfahren die Drei, was ihr Vater und Großvater alles so erschaffen hat und was der Wagen für eine Bedeutung hat.

Zwar lautet der amerikanische Originaltitel »Ghostbusters – Afterlife«, aber auch »Legacy«, also »Vermächtnis«, ist treffend gewählt, denn der Film wurde nicht nur von Ivan Reitmans Sohn Jason inszeniert, er schließt auch an die Ereignisse des zweiten Films von 1989 an. Jason Reitman baute ein paar gut versteckte Anspielungen auf seinen Vater in den Film ein und ignorierte die missglückte Verfilmung aus dem Jahr 2016 einfach – eine weise Entscheidung. Hier beginnt der Rückblick in die Geschichte des Opas damit, dass die Kinder eine Geisterfalle im Keller finden, dessen Bewohner dank des neuen Lehrers Gary (Paul Rudd) leider bald in Freiheit kommt. Im Laufe der Geschichte spielt eine alte Mine in der Umgebung eine große Rolle und endlich bekommt auch der ECTO-1 wieder mehr Bedeutung. Der Wagen muss nicht nur diverse Stunts überstehen, er wurde auch mit Extras ausgestattet, die zuvor noch nie zu sehen waren. Probleme denen sich Produktionsdesigner François Audouy stellen musste: »Es gab nicht mehr viele Wagen auf der Welt und sie sind schwer zu finden. Wir nutzten einen Wagen, den Sony vom zweiten Film aufgehoben hatte und in einem Container lagerte. Zusätzlich kauften wir einen weiteren Cadillac Miller-Meteor. Dann wurden beide Wagen von der Picture Car Company auseinandergenommen und jedes Teil restauriert.« Im Gegensatz zu dem 2016er-Film griff man in diesem Fall wieder auf das Original-Design des umgebauten Miller-Meteor zurück. Die Wagen erhielten allerdings moderne Motoren, Getriebe und verbesserte Radaufhängungen.

Spezialausrüstung: »Gunner Seat« – ein ausfahrbarer Beifahrersitz

Die Wagen mussten vor allem von außen gut aussehen, aber auch verrückte Einfälle und einige Stunts überstehen. Dazu zählte eine schnelle Fahrt durch ein Feld, ein Sprung von dort auf eine Straße sowie ein ausfahrbarer Beifahrersitz von dem aus die technikbegeisterte Phoebe auf

»Ghostbusters Legacy«: Mit neuem Team und neuen Ideen zu einem weiteren Erfolg.

Monster schießt. Diese Idee stammt von Regisseur Jason Reitman. Er hatte den sogenannten »Gunner Seat« in der Zeichentrickserie »The Real Ghostbusters« gesehen. »Das Konzept war toll, aber die Umsetzung sehr schwer – fast unmöglich«, so Aucouy. Als die Macher feststellten, dass das schwere Gefährt für den Sprung auf die Straße doch nicht geeignet war, und um den Wagen nicht zu gefährden, behalf man sich mit Computer Generated Images (CGI). Ein SUV von General Motors doubelte beim großen Hüpfer, der erst in der digitalen Nachbearbeitung zum Ectomobile wurde. Stunt-Coordinator Guy Bews hatte die Szene konzipiert und auch den Wagen ausgesucht, denn der musste in etwa über den gleichen Radstand und die gleichen Reifen verfügen, damit die Special-Effects-Experten es später leichter hatten. Stuntfahrer Jeff Sanca saß am Steuer.

Die Vorbereitungen und Umbauten der beiden Autos geschahen in den Studios in Los Angeles. Gedreht wurde zunächst im kanadischen Calgary, aber als sich beim ersten Härtetest ein Rad löste und abfiel, musste der Wagen nach LA zurück, um überarbeitet zu werden.

Die beiden Sätze: »Was haben die nur mit dir gemacht? Keine Sorge, ich bring' dich nach Hause und dann machen wir dich wieder hübsch«, von Ernie Hudson, der als Winston Zeddemore, ebenso wie Dan Aykroyd, Bill Murray und Sigourney Weaver wieder einen Gastauftritt hat, beziehen sich jedoch nicht auf die Probleme während der Dreharbeiten, sondern auf den Zustand des Wagens am Ende des Films. Gedreht wurde vom 13. Juli bis zum 18. Oktober 2019 in vier verschiedenen Städten in der kanadischen Provinz Alberta. Die bereits erwähnten gut versteckten Anspielungen äußern sich wie folgt: Das Nummernschild des Subaru Outback mit dem Callie und ihre zwei Kinder nach Summerville fahren verfügt über das Kennzeichen »48IRG91« aus Illinois. Das steht für »Ivan Reitmans Ghostbusters 1984« – als Anagramm. Außerdem hat die Rückseite eines Trucks eine sehr spezielle Inschrift. Dort steht »Ivan Built, Est. 1946«. Jason Reitmans Vater Ivan wurde 1946 geboren.

Aufgrund der Corona-Pandemie wurde der Starttermin vom 10. Juli 2020 zunächst auf Oktober und danach auf den 11. Juni 2021 verschoben. Der Film entpuppte sich umgehend als großer Erfolg und wurde dafür gefeiert, dem ursprünglichen Konzept neues Leben eingehaucht zu haben – auch finanziell: Der Film kostete nur die Hälfte des Vorgängers, spielte aber fast genauso viel ein.

»WARTET ERSTMAL, BIS ICH DAS AUTO IN DIE HÄNDE KRIEGE« – GHOSTBUSTERS: FROZEN EMPIRE (2024)

Ivan und Jason Reitman, Vater und Sohn, sind auch die kreativen Köpfe hinter dem bislang jüngsten Film der Reihe, wenn auch in eingeschränkter Form. Die beiden Männer schrieben gemeinsam zusammen mit Gil Kenan das Drehbuch. Eine weitere Regie übernahm der Sohn nicht – aus verständlichen Gründen. Ivan Reitman starb während der Vorproduktion am 12. Februar 2022. Dieser Film ist ihm gewidmet.

Es war Dan Aykroyd, der dafür plädierte, dass man mit der neuen Hauptbesetzung »zwei oder drei Filme machen sollte«. Sein Wunsch ging hiermit in Erfüllung. Basis waren wiederum Elemente aus der Zeichentrickserie der 80er- und 90er-Jahre. Dieses Mal spielt die Geschichte in New York. Dahin ziehen Callie, mit ihren beiden Kinder Phoebe und Trevor sowie ihr neuer Partner Gary. Doch nur die 2nd Unit drehte im Big Apple. Der Film entstand vom 20. März bis zum 23. Juni 2023 fast ausschließlich in den englischen Studios in Leavesden zunächst unter den beiden Arbeitstiteln »Firehouse« und »The Frozen World«. Die Kälte ist auch gleich zu spüren, als das Quartett New York erreicht: Gullydeckel fliegen hoch, das Team verfolgt einen riesigen Kanalwurm und Phoebe macht,

2021 erhielt das Ectomobile als Spezialausrüstung den ausfahrbaren »Gunner Seat«.

vom »Gunner Seat« aus, Jagd auf ihn.

Eine Actionsequenz gleich nach vier Minuten ist neu in der Spielfilmreihe. Im Verlauf der Geschichte kommt dieses Mal ein neues Feature des Ectomobile hinzu: eine Drohne, die vom Dach des Wagens abhebt. Diese Idee tauchte schon 2009 in dem Spiel »Ghostbusters: The Video Game« auf, bedingte hier allerdings einige Umbauten des Cadillacs: Eine weiße Kuppel verdeckt den Drohnen-Start- und Landeplatz auf dem Dach. Dafür musste die Satellitenschüssel weichen, und der empfindliche Geister-Schnüffler wurde weiter nach hinten verlegt. Eine grafische Veränderung gab es auch: die Seitenstreifen gehen nur noch bis zum Anfang der Haube und nicht bis zur Frontspitze. Außerdem wurden die seitlichen Auspuffrohre silbern anstatt blau. Zwei identische Wagen kamen zum Einsatz.

»ICH HABE EINEN GEIST ZU JAGEN«

Nach Angaben von Special-Effects-Mann Geoffrey Baumann wurde zweieinhalb Wochen lang nur mit dem Wagen in New York gedreht, für den man abseits der 5th Avenue einen Parkplatz fand. Die Aufnahmen mit den Akteuren wurden innerhalb einer Woche in London realisiert. Für den wieder zum Einsatz kommenden »Gunner Seat«, den Phoebe mit dem Satz »Ich habe einen

Die Action spielt in New York – gedreht wurde in Kanada.

Geist zu jagen« kommentiert, wurde eine spezielle Anlage mit einem Scherengitter gebaut, die aus dem Wagen herausfuhr. »In den meisten Szenen sind computergenerierte Bilder zu sehen«, so Baumann, aber es gab auch funktionierende Requisiten die ferngesteuert waren und auf der Straße fahren oder darüber fliegen konnten.« Baumann meint damit sowohl die fliegende als auch die ferngesteuerte rollende Geisterfalle, die ebenfalls aus dem ECTO-1 ausgeklinkt wird.

Die anfängliche Actionsequenz führt zu einem ziemlichen Chaos in der Stadt. Bürgermeister Peck ist außer sich und will den Wagen beschlagnahmen als »Teile von Lower Manhattan verwüstet«

werden. »Wartet erstmal, bis ich das Auto in die Hände kriege«, sagt der zu den Geisterjägern. Aber es geht darum, die mahnenden Worte eines Forschers ernst zu nehmen, der von »Null Kelvin und der Auslöschung allen Lebens« spricht, was übernatürliche Kräfte bezwecken. Zur Unterstützung des Geisterteams sind wieder Gastauftritte von Aykroyd, Murray und Hudson mit eingebaut worden, aber es kommen auch zwei weitere Fahrzeuge zum Einsatz: ein schwarzer Mercedes VS30 Sprinter mit den Proton-Packs an Bord (ECTO-Z) und eine matt-beigefarbene Harley-Davidson FLH Electra Gilde der Polizei mit dem Kennzeichen: ECTO-C – ein Motorrad mit Beiwagen. Sie stehlen dem umgebauten Krankenwagen nicht die Show, könnten aber ein Hinweis dafür sein, dass der Fuhrpark in den zukünftigen »Ghostbusters« Filmen noch wächst. Am Ende dieses Films heißt es beruhigend: »Und der Weltenriss ist wieder

Der »Gunner Seat« kam 2024 erneut zum Einsatz.

dicht.« Wie schön das zu hören.

Dass man die Filmreihe nicht vergisst, dafür ist gesorgt. Seit dem Juni 2021 hängt das Ghostbusters Zeichen an dem Gebäude der Feuerwache »Hook & Ladder Company 8« in Manhattan. Die verschiedenen Ectomobile wurden immer mal bei Paraden, in Themenparks und in Museen gezeigt. Das Fahrzeug aus dem ersten Film, das schon 1984 gleichzeitig als Werbung und als mobiles Hauptquartier diente, steht seit dem Frühjahr 2022 im Petersen Automotive Museum in Los Angeles.

»The Frozen World« lautete der Arbeitstitel des 2024er-Films.

FILMOGRAFIE:

Titel	Regie	Budget (in Millionen Dollar)	Einspielergebnis
Ghostbusters – Die Geisterjäger (1984)	Ivan Reitman	30	296,57
Ghostbusters II (1989)	Ivan Reitman	37	215,39
Ghostbusters (2016)	Paul Feig	144	229,14
Ghostbusters: Afterlife (2021) (In Deutschland: Ghostbusters: Legacy)	Jason Reitman	75	204,33
Ghostbusters: Frozen Empire (2024) (geplanter Titel war: Hells Kitchen)	R: Gil Kenan	100	201,96

FERNSEHSERIEN:

The Ghost Busters (1975 – 1976)	TV-Serie (15 Folgen)
The Real Ghostbusters (1986 –1991)	Zeichentrick TV-Serie (134 Folgen)
Slimer!	Zeichentrick TV-Serie Ableger (13 Folgen)
Ghostbusters (1986 – 1988)	Zeichentrick TV-Serie (65 Folgen)
Basierend auf der TV-Serie The Ghost Busters der 70er-Jahre	
Extreme Ghostbusters (1.9. – 14.12.1997)	Zeichentrick TV-Serie (40 Folgen)

KAPITEL 10

»SIEHT AUS WIE EIN FLUGZEUG, ABER OHNE FLÜGEL« – ZURÜCK IN DIE ZUKUNFT

ZURÜCK IN DIE ZUKUNFT

»SIEHT AUS WIE EIN FLUGZEUG, ABER OHNE FLÜGEL« – DER DELOREAN DMC-12 AUS DER REIHE »ZURÜCK IN DIE ZUKUNFT« (1985–1990)

Der an der Kinokasse erfolgreichste Film des Jahres 1985 war das Science-Fiction-Abenteuer »Zurück in die Zukunft«, das daraufhin zwei niemals geplante Fortsetzungen erlebte. Grund für die Beliebtheit bei Jung und Alt war nicht nur die überraschende Geschichte und zum großen Teil komische Handlung, sondern auch das urige Fahrzeug, das Erfinder Dr. Emmet »Doc« Brown konstruierte. Das ermöglichte ihm, mit dem Teenager Marty McFly durch die Zeit zu reisen: Ein umgebauter Flügeltürer vom Typ DeLorean DMC-12 wurde so zur coolsten Zeitmaschine seit 1960.

Das Plakatmotiv von Drew Struzan wurde ikonisch.

Es war der englische Autor Herbert George Wells, der den Roman »Die Zeitmaschine« schrieb und 1895 veröffentlichte. 1960 wurde er von George Pal mit Rod Taylor in der Hauptrolle verfilmt. An diese Vorlage erinnert der Einstieg von »Zurück in die Zukunft«. Eine Reihe von tickenden Uhren, ein nicht gerade aufgeräumtes Labor und eine nur zum Teil funktionierende Maschinerie des Konstrukteurs: Hier ist Doc Brown zuhause. 18 Minuten vergehen, bis Marty dessen jüngste Erfindung in Augenschein nehmen kann. Doch bis die Zeitmaschine in der Form ein Teil des Films wurde, vergingen fast fünf Jahre.

Im Herbst 1980 gingen Regisseur Robert Zemeckis und Produzent Bob Gale mit der folgenden Story-Idee zum Filmstudio Columbia Pictures: »Es geht um einen Jungen, der in die Zeit zurückreist, dabei seine Eltern trifft und seine Mutter sich in ihn verliebt.« Sie erhielten einen Vertrag ein Drehbuch zu schreiben, lieferten das im April 1981 ab – und wurden abgelehnt. Mehr als 40 Absagen später zeigte Universal Pictures Interesse. Steven Spielberg hatte den Kontakt eingefädelt. Er mochte die Idee. In den ersten Drehbuchfassungen war die Zeitmaschine jedoch kein Auto, sondern entsprach in etwa einem Kühlschrank. Spielberg lehnte das ab, weil er die Gefahr sah, dass Kinder sich darin einschließen würden, um damit auf »Reisen« zu gehen. Zusätzlich sollte die Energie der Zeitmaschine von einem Atombomben-Testgelände in Nevada kommen, doch das zerschlug sich aus Budgetgründen wieder. Als Nächstes hatte Zemeckis die Idee einer Zeitkapsel auf der Ladefläche eines Pick-up-Trucks. Doch Bob Gale wandte ein, dass dies eine ganze Reihe von logistischen Problemen mit sich brachte, wenn man den Wagen hin und her bewegt. Schließlich schlug Zemeckis ein fliegendes Auto vor, eine Art von Aero-Mobile, das mit Cola angetrieben wird.

EIN KÜHLSCHRANK, EIN SESSEL, EIN 300SL? DIESE GEPLANTEN ZEITMASCHINEN WURDEN VERWORFEN.

»WENN MAN SCHON EINE ZEITMASCHINE IN EINEN WAGEN EINBAUT, DANN BITTESCHÖN MIT STIL«

Eine weitere Idee war »die Zeitmaschine dem Sessel von Rod Taylor anzugleichen«, so Zemeckis. Doch schließlich wollte man »eine eher moderne Lösung. Wenn der Zeitreisende etwa im alten Rom landet, dann wäre es nur praktisch, ihn gleichzeitig mobil zu machen. Somit suchten wir nach einem vierrädrigen Fahrzeug. Ein simples Auto wäre jedoch nicht auffallend und aufregend gewesen, sodass wir nach einem schauten, das von Chassis und Karosserie einem UFO nicht unähnlich ist.« Treffender Kommentar von Doc Brown im ersten Film: »Wenn man schon eine Zeitmaschine in einen Wagen einbaut, dann bitteschön mit Stil.« Dazu Bob Gale: »Es ist ein Teil der amerikanischen Mythologie, dass irgendein Kerl ein Auto entwickelt, das 320 km/h fährt, aber das große Business uns ein Spielzeug dieser Art verbietet. Unter dieser Prämisse entwickelten Bob Zemeckis und ich die Idee, dass die Zeitmaschine von einem verrückten Typ in seiner Garage erfunden wird.« Zemeckis fügt hinzu: »Das Schwierigste daran war, mit dem Ding einen möglichst hausgemachten Eindruck zu vermitteln, im Gegensatz zu einem dieser Hightech-Spielzeuge«. Ihm kam entgegen, dass es in der Geschichte einen Moment gibt, in dem der Wagen im Jahr 1955 landet und Marty wie ein Alien wirkt, wenn er ihm entsteigt. Die ganze Szenerie wirkte wie ein Comicstrip der damaligen Zeit mit dem schönen Titel »Space Man From Pluto.«

»Wenn Marty das erste Mal im Jahr 1955 ankommt, wollten wir, dass die Farmerfamilie die Zeitmaschine für eine fliegende Untertasse hält«, so Zemeckis: »Wir suchten nach dem passenden Fahrzeug und fanden, dass die Flügeltüren des DeLorean und das komplette Design durchaus einem Raumschiff entsprechen. So wurde der DeLorean zu unserer Zeitmaschine.« Im dritten Drehbuch-Entwurf vom 11. Juli 1984 tauchte dann tatsächlich der DeLorean als Zeitmaschine auf. Die kurz angedachte Idee, eventuell einen Mercedes 300SL-Flügeltürer zu nehmen, wurde wieder verworfen. Der war schon damals sehr teuer.

Das futuristische Design des DeLorean

John DeLorean schrieb später einen Dankesbrief an Regisseur und Produzenten.

Ab geht die Reise: Der DeLorean rast in die Vergangenheit.

hatte für viel Wirbel gesorgt, als der DMC-12 am 21. Januar 1981 erstmals vom Band rollte. Der italienische Designer Giorgetto Giugiaro hatte es entworfen und den von ihm gezeichneten Maserati Medici aus dem Jahr 1974 als Basis verwendet. Auch ein Teil der Linienführung des dank des James-Bond-Films »Der Spion, der mich liebte« weltbekannt gewordenen weißen Lotus Esprit ist darin eingeflossen (siehe: »Motorlegenden – James Bond«). Für Wirbel sorgte der DeLorean aber auch aufgrund des immensen Benzinverbrauchs von mehr als 14 Litern, seines Preises von 25.000 Dollar (bei uns kostete er 74.797 DM) und seiner Unzuverlässigkeit. Das sollte während der Dreharbeiten noch zu Problemen führen. Der Ingenieur und Firmenchef John DeLorean hatte den gemeinsam mit Lotus entwickelten Wagen mit einem 2,8-Liter-V6-»Euromotor« von Peugeot-Renault-Volvo ausgestattet. Er war nur 1,168 Meter hoch, wurde mit einer gebürsteten Edelstahlkarosserie ausgeliefert und sah daher tatsächlich sehr futuristisch aus. Nur 8.583 Exemplare der flachen und mit 132 PS nicht gerade starken Flunder entstanden in einer eigens gebauten Fabrik

in Dunmurry nahe Belfast. Produktionsmängel und die Ölkrise führten zu sehr großen Absatzschwierigkeiten des DMC-12, der nicht zufällig so hieß. Er sollte mal 12.000 Dollar kosten. Die Optik machte zwar viel her, versprach aber mehr als der Wagen bieten konnte. Und dennoch erlangten (zunächst) drei Exemplare Film-Ruhm.

Am 24. Dezember 1982 lief die Produktion des DeLorean aus. In der Hinsicht war es hilfreich, dass die Vorproduktion des Films im Spätsommer 1984 begann, denn es standen noch eine Menge Autos auf Halde. Als der für die Spezialeffekte zuständige Kevin Pike sich im Oktober danach umsah, fand er im kalifornischen Glendale einen ehemaligen DeLorean-Händler, der noch über viele Fahrzeuge verfügte. Er kaufte drei Autos für 58.000 Dollar, die innerhalb der Produktion zu Wagen den A, B und C wurden.

Diverse Skizzen und Zeichnungen machten deutlich, wohin die Reise gehen sollte, ehe sich Michael Scheffe (übrigens auch der Designer des berühmten Pontiac Firebird Trans Am K.I.T.T. aus der TV-Erfolgsserie »Knight Rider«) mit der

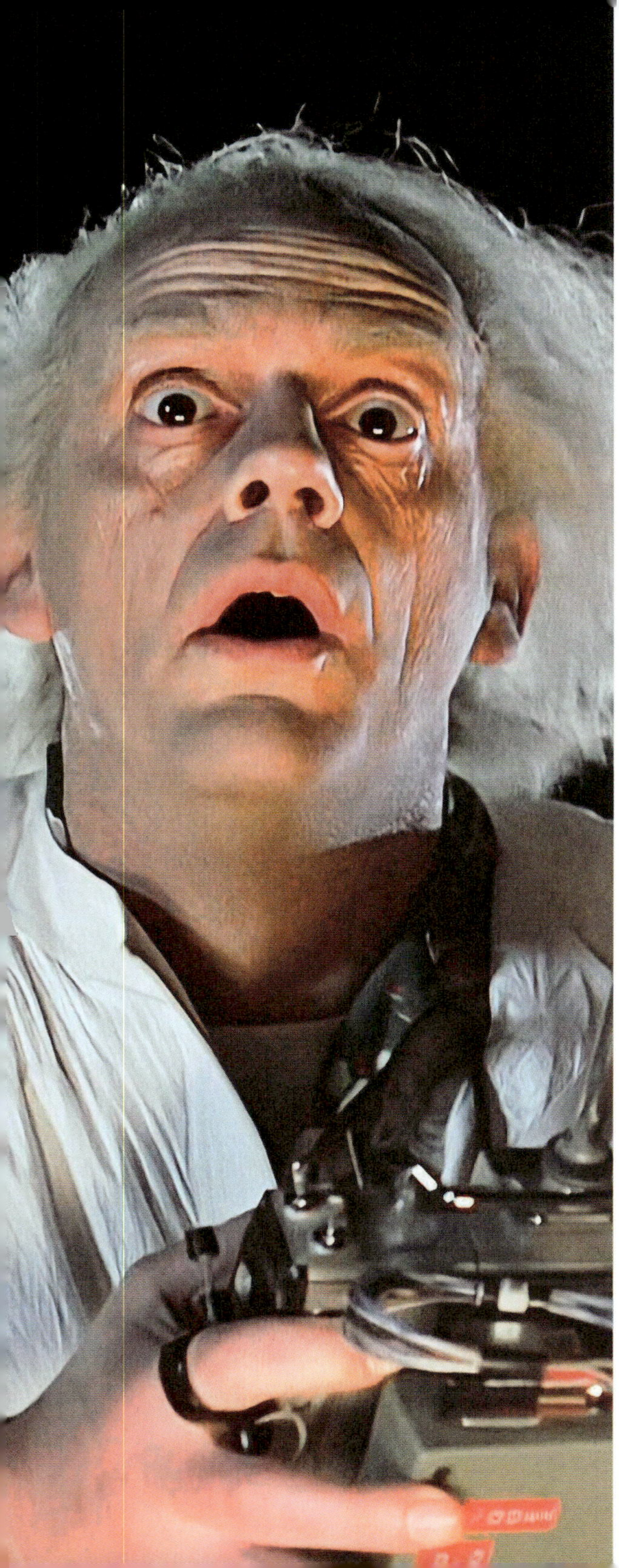

Doc Brown (Christopher Lloyd) staunt über den Erfolg seiner eigenen Erfindung.

Umsetzung, Überarbeitung und Konstruktion der drei DeLorean auseinandersetzte. Zu Hilfe kam ihm und dem Artdirector Todd Hallowell das Raumfahrtprogramm der NASA, oder besser: das, was davon übrigblieb. Eine Reihe von Firmen hatten Teile zu Testzwecken erbaut, die nach den Versuchen nicht mehr benötigt wurden. Ein Schrottplatz im San Fernando Valley übernahm sie, das Filmteam kaufte umfänglich ein. »Wir erwarben interessant aussehende Teile, die zum Beispiel aus Aluminium gefertigt waren und gaben sie der Spezialeffekte-Abteilung«, so Hallowell. »Die fing an, sie an dem DeLorean zu platzieren, um zu gucken, was an dem Auto cool aussehen würde.«

Zur weiteren Vorbereitung auf die vielen Autoszenen wurde zunächst Wagen A zerlegt. Nach Aussagen von Kevin Pike wurden die Fenster herausgenommen, das Heck aufgesägt, das Dach heruntergenommen und Teile abmontiert. Andere, neugestaltete Teile, wurden hinzugefügt. Auch der Tacho wurde geändert. Die Zeitmaschine beschleunigt im Film auf 88 Meilen, doch die Tachoscheibe zeigt nur maximal 85 mph an. Sie wurde auf 95 geändert. Wagen B fungierte als Double und sah weitgehend genauso aus wie A, auch wenn zunächst geplant war, dass man ihn nur von außen sehen sollte. Der Unterschied war, dass aus dem Unterboden des B-Car Feuer austreten konnte, das für den Effekt des Zeitsprungs steht. Beide Wagen waren aufgrund technischer Probleme nicht immer einsatzfähig und mussten auch mal geschoben oder gezogen werden. Die radikalste »Kur« musste Wagen C über sich ergehen lassen. Er verlor sein Heck und wurde u.a. für Aufnahmen in den Universal Studios eingesetzt, da man so in dem übrig gebliebenen Rest an verschiedenen Stellen Kameras positionieren konnte. Insgesamt verschlangen die Umbauten etwa 150.000 Dollar.

»DOC BROWN FÄHRT KEINEN VERDAMMTEN MUSTANG«

Bevor die Dreharbeiten am 26. November 1984 begannen, ereignete sich noch eine skurrile Anekdote. Die Abteilung Productplacement von Universal Pictures, immer darum bemüht die Kosten niedrig zu halten und Produktpartnerschaften zu erhalten, schickte einen Mann zu Bob Gale. Der fragte unverblümt, ob es nicht möglich wäre, dass ein Ford Mustang anstatt des DeLorean die automobile Hauptrolle spielen könnte. Dafür würde Ford 75.000 Dollar bezahlen. Gale schaute ihn konsterniert an und wurde deutlich: »Doc Brown fährt keinen verdammten Mustang.«

Die Geschichte dreht sich um den Teenager Marty McFly (Michael J. Fox), der mit dem Erfinder Doc Emmet Brown (Christopher Lloyd) befreundet ist. Der hat an einer Zeitmaschine getüftelt, die dank Plutonium auf Touren kommt.

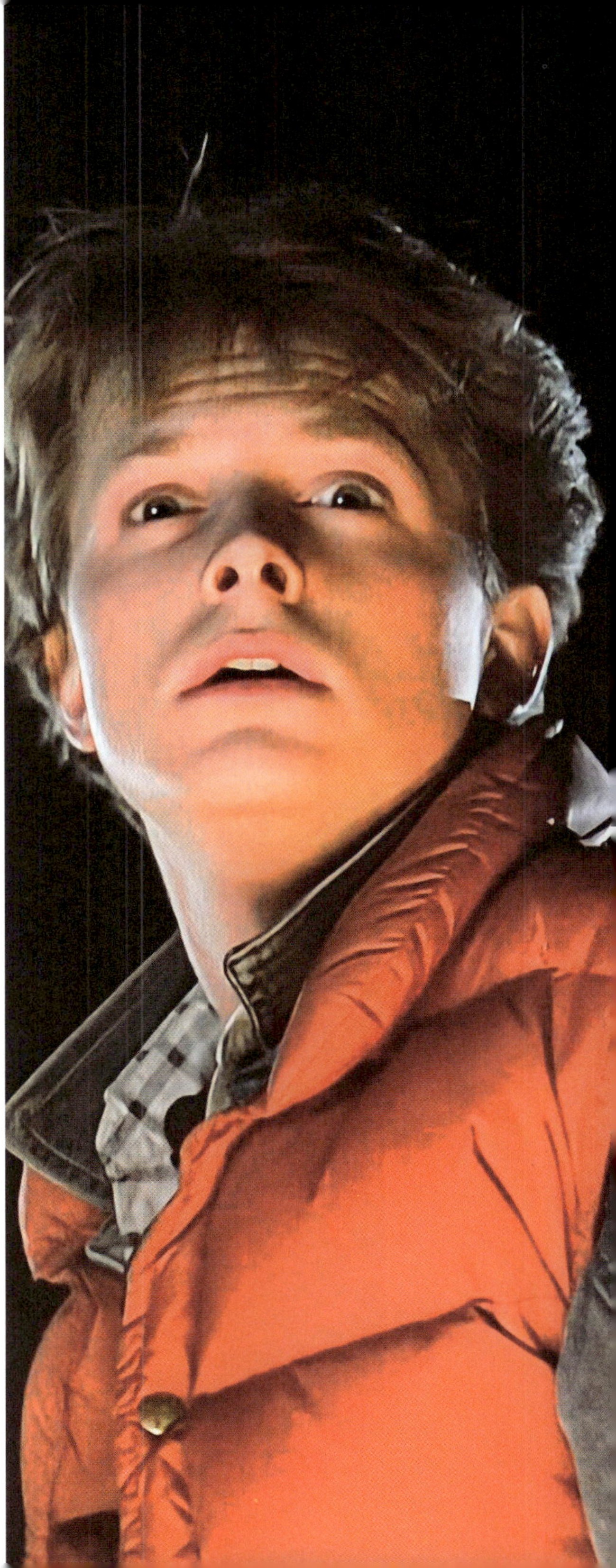

Doch da er dieses libyschen Terroristen gestohlen hat, machen sie Jagd auf ihn und er wird erschossen. Zuvor hatte er Marty noch seine Zeitmaschine vorgeführt, die der jetzt nutzt, um in die Vergangenheit zu reisen. »Sieht aus wie ein Flugzeug, aber ohne Flügel«, heißt es nach einer knappen halben Stunde von den verdutzten Farmern, die den Wagen nach einer harten Landung plötzlich in ihrer Scheune vorfinden. Marty landet im Jahr 1955. Er stellt fest, dass sein Vater George (Crispin Glover) von seinem Mitschüler Biff (Thomas F. Wilson) gemobbt wird und muss verhindern, dass sich seine Mutter (Lea Thompson) in ihn selbst verliebt. Fortan ist er nicht nur gefordert den Doc zu retten, muss dafür zurück in die Zukunft reisen und in der Vergangenheit dafür sorgen, dass sich seine (späteren) Eltern näherkommen, damit er überhaupt geboren wird.

Ursprünglich spielte Eric Stoltz die Rolle von Marty, doch Regisseur und Produzent spürten im Verlauf der Dreharbeiten, dass er doch nicht der Richtige war. Nach 28 Drehtagen wurde er am 10. Januar 1985 entlassen. Das bedeutete nicht nur, dass alle Szenen erneut gedreht werden mussten, sondern führte auch zu großen finanziellen Belastungen. Der Part ging an Michael J. Fox, der immensem körperlichen Stress ausgesetzt war, denn er war bei seinem Drehbeginn noch festes Mitglied des Ensembles der TV-Serie »Familienbande« (Familie Ties). Ab Mitte Januar 1985 drehte er tagsüber im

Dream-Team im zweiten Anlauf: Christopher Lloyd und Michael J. Fox

Der Almanach mit
den Ergebnissen der Sportwetten hat eine
immense Bedeutung.

TV-Studio und nachts den Spielfilm. »In der einen Minute lese ich das Drehbuch, und das Nächste, woran ich mich erinnere, war, dass es drei Uhr nachts ist und ich mich auf einem Parkplatz mit Chris Lloyd, einem Hund und einem DeLorean befinde«, so Fox zu seiner Doppelbelastung. Hinzu kam, dass er Probleme hatte, unverletzt aus dem Auto zu kommen. Das Equipment neben und hinter ihm sorgte dafür, dass er am rechten Arm und am Ellbogen unter dem Hemd eine Manschette tragen musste, die ihn vor Abschürfungen schützte. Auch die dicht beieinanderstehenden Pedale bereiteten ihm Probleme: »Ich habe mir beim Schalten ständig meine Knöchel aufgescheuert«. Der Innenraum war aufgrund der Umbauten so beengt, dass sich selbst der nur 1,63 Meter große Michael J. Fox mehrfach den Kopf an den Flügeltüren stieß. Das lag auch daran, dass der Hebemechanismus im Laufe der Zeit schwächer wurde. Immer wenn er die Gänge wechselte, kam er mit seinem Unterarm an den Griff, der die Zeit einstellte und auch die Fingerknöchel bekamen etwas ab. Dies ist speziell bei der Verfolgungsjagd mit den libyschen Terroristen zu sehen.

Christopher Lloyd zuerst gar kein Interesse, den skurrilen Erfinder darzustellen, doch seine spätere Frau überredete ihn. Nach einem Treffen mit den Verantwortlichen »war ich dazu bereit, die

Der DeLorean flog nie, hing aber immer wieder an einem Kran.

Perücke aufzusetzen und in den DeLorean zu springen.«

Das machte das neue Duo erstmals in der Woche vom 7. bis zum 11. Januar 1985. Gedreht wurde nachts auf dem Parkplatz des Shopping-Center Puente Hills Mall. Das Einkaufscenter wird im Film zur Twin Pines Mall. Leider kam es am letzten Drehtag dort zu einem Unfall mit

Wagen B. Der Stuntfahrer kollidierte mit dem Bordstein, was dazu führte, dass der Rahmen brach, eine Felge und der Kühler beschädigt wurden. Teile davon konnten aber noch am Set repariert werden. »Der Wagen war nicht für Stunts gebaut, und die Maschine war nicht für diese Form des Fahrens und die Beschleunigung, die wir brauchten, geschaffen«, so Stunt Koordinator Walter Scott. »Außerdem war er aufgrund der An- und Umbauten schwerer.« Er war eben nicht besonders schnell, sondern eher behäbig. Auch wenn der Dialog im Film etwas anderes verspricht:

»Fährt der mit bleifreiem Benzin?« – fragt Marty.
»Er braucht schon etwas mehr Kick. Er fährt mit Plutonium.« – antwortet Doc Brown.

Bis zum Drehschluss am 26. April wurde noch in Chino und Arleta in Kalifornien mit den Wagen gearbeitet, sowie in den Universal Studios in Los Angeles. Dort entstanden zum einen Teile des fiktiven Ortes Hill Valley inklusive Rathausgebäude und dem Platz davor. Zum anderen agierten die Akteure in Studiohalle 12 in Wagen C vor der Blue Screen und spielten, dass sie fahren. Da der Wagen am Ende des Films auch noch abhebt, kam außerdem ein Miniaturmodell zum Einsatz.

»DER WAGEN WAR NICHT FÜR STUNTS GEBAUT.« – STUNT-COORDINATOR WALTER SCOTT

»ENDLICH HABE ICH ETWAS ERFUNDEN, DAS FUNKTIONIERT«

Dass der DeLorean so aussieht, als ob er fliegen könnte, ist den Special-Effects-Spezialisten von George Lucas Firma »Industrial, Light & Magic« (ILM) zu verdanken. Besonders schwierig war die Umsetzung des »Zeitreiseeffekts«, also der Übergänge zwischen Flug und Straße. Wenn das Auto eine Geschwindigkeit von 88 mph (etwa 150 km/h) erreichte, wurde der sogenannte »Flux-Kompensator« aktiviert, der eine weiße Glut von sich gab. Neonfarbene Drähte an den Seiten des Autos verfärbten sich zu glühenden Lichtfetzen. Dieser Effekt wurde später noch verstärkt, um ein intensives Licht zu erzeugen. Animierte Lichtströme und kleine Partikel fliegen aus einer Vorrichtung am Dach des Autos und Pyrotechnik mit aufflackernden Lichtern ergab einen weißen Blitz, der signalisierte, dass der DeLorean die Zeitgrenze durchbrochen hat. Zudem zogen Techniker zwei Spuren mit Chemikalien und Schwarzpulver auf der Straße, um eine feurige Fährte zurückzulassen,

In »Zurück in die Zukunft II« verschlägt es Doc und Marty in das Jahr 2015.

die nach dem Verschwinden der Zeitmaschine übrigbleibt. »Endlich habe ich etwas erfunden, das funktioniert«, sagt Doc Brown stolz, als der Wagen tatsächlich seine Zeitreise antritt. Was noch fehlte, war der richtige Klang, denn der 2,8-Liter-V6-Ottomotor war eher leise. Verwendet wurde der Klang eines Achtzylinders.

»Zurück in die Zukunft« kam am 3. Juli 1985 in den USA in die Kinos und entpuppte sich umgehend als immenser Kassenerfolg. Das geringe Budget von gerade mal 19 Millionen Dollar wurde in sehr kurzer Zeit wieder eingespielt. Nach allen weltweiten Kinostarts (und späteren Wiederaufführungen) kamen sagenhafte 385,05 Millionen Dollar

(andere Quellen: 388,862) zusammen. 1985 bedeutete das Platz 1 in den USA und weltweit Platz 2 nach »Jenseits von Afrika«. Universal war verständlicherweise begeistert. Auch ein Dankesbrief von John DeLorean erreichte Robert Zemeckis und Bob Gale. Am 25. Juli 1985 schrieb er: »Ich war besonders erfreut, dass der DeLorean im Film unsterblich gemacht wird und möchte allen Verantwortlichen dafür sehr danken.« Der Schöpfer dürfte sich auch darüber gefreut haben, dass das Interesse an dem Wagen nach dem Filmstart sprunghaft anstieg und von Zubehörfirmen sogar Body Kits angeboten wurden, die dazu dienten, die Standardfahrzeuge zu Film Look-A-Likes zu machen.

Universal drängte auf eine Fortsetzung. Die war von Robert Zemeckis und Bob Gale aber niemals vorgesehen. Tatsächlich war das Ende des ersten Teils als Witz gedacht. Darin taucht Doc Brown urplötzlich vor Martys Haus auf und drängt ihn, mit ihm und seiner Freundin Jennifer (Claudia Wells) und den folgenden Worten in die Zukunft zu reisen:

»Marty. Du musst mit mir zurückkommen.«
»Wohin?«
»Zurück in die Zukunft. (...) Es sind eure Kinder, Marty. Wir müssen was für eure Kinder tun.«
»Hey Doc, wir sollten noch ein Stück zurücksetzen. Auf der Straße schaffen wir sonst nie die 100 ...«
»Straßen? Wo wir hinfahren, brauchen wir keine Straßen.«

»EIN FLIEGENDER DELOREAN. WAS ZUM TEUFEL IST HIER LOS?« – »ZURÜCK IN DIE ZUKUNFT II« (1989)

Aber wo sollte es jetzt hingehen? Wäre es nach den Wünschen von Christopher

Die fiktive Stadt entstand in den Universal Studios.

Lloyd gegangen, in das alte Rom, doch diese Idee wurde nicht aufgegriffen. Stattdessen entwickelten Zemeckis und Gale unter dem Arbeitstitel »Number Two« eine Story, die in das Jahr 2015 führt, denn der Doc macht sich nicht nur Sorgen um Marty, dessen Freundin Jennifer (jetzt von Elizabeth Shue gespielt) und deren Kinder, sondern auch um die Zukunft. Die Ankunft des Wagens verwundert dort nicht nur den sichtlich gealterten Biff: »Der fliegende DeLorean. So einen habe ich schon seit 30 Jahren nicht mehr gesehen.« Dank eines Sport-Almanachs mit sämtlichen Ergebnissen der Sportwetten von 1950 bis 2000 wird Biff reich und hat auch Martys Mutter geheiratet. Marty muss sich damit auseinandersetzen, diese unschöne Entwicklung wieder geradezurücken. Dank der zusätzlichen Verwicklungen ist »Number Two« ein schön verschachteltes und schräges Werk geworden, das zum Teil Elemente des ersten Films nochmals aus anderen Perspektiven erzählt. Es benötigte auch wesentlich mehr Fahrzeuge als der erste Teil, denn im Oktober 2015 sind fliegende Autos Alltag.

Nach Angaben des Werkes »The Official Book of the Complete Movie Trilogy« wurden für den zweiten Teil »drei weitere« DeLorean angeschafft, was die Zahl der »Zeitreisemaschinen« auf sieben erhöht. Dazu zählt auch ein sogenannter »process car«, den man leicht auseinandernehmen kann. Ein achtes Fahrzeug entstand aus Fiberglas. Rechercheergebnisse zu der vertrackten Geschichte der verschiedenen DeLoreans folgen.

Hatte man beim ersten Teil noch den Vorteil, dass es viele Teile vom NASA-Schrotthändler gab, war das rund fünf Jahre später nicht mehr der Fall. Also nutzte man die eigene Kreativität. Der Flux-Kompensator, der für den geschossartigen Vortrieb sorgt, wurde selbstgebaut, der Plutonium-Verarbeiter »Mr. Fusion« war eine Kaffeemühle von Krups – das Modell Coffina 223 (für Puristen). Eine davon erhielt später einen Platz bei Produzent Bob Gale im Büro und versah ihren Dienst – als Lampe.

»SIE IST ZERSTÖRT. GENAU WIE SIE ES WOLLTEN.«
MARTY ZUM DOC

Der Fiberglas-Wagen war extrem leicht. Dessen einklappbare Räder konnte man mechanisch fernsteuern. Er »flog« dank Drähten und der Hilfe eines Krans. In anderen Szenen wurde der Wagen von hinten durch einen (nicht sichtbaren) Gabelstapler hochgehoben. Das Fahrzeug verfügt allerdings über keine Türschlösser. Wenn Marty und der Doc am 26. Oktober 2015 das erste Mal landen, half ein ganz besonderer Kniff beim eher simplen Effekt einer sanften Begegnung mit dem Boden. Wer genau hinschaut, sieht dort zwei aneinanderstoßende Mauern. Zwischen diesen kamen sehr hohe Bürsten zum Einsatz, die man von einer Autowaschanlage kennt. Auf der anderen Seite der Mauer, sorgte ein Kran dafür, dass die Zeitmaschine langsam auf den Boden heruntergelassen wurde. Als der Kranausleger langsam verschwand, schlossen sich die Bürsten um ihn herum und versteckten so sehr effektiv den Mechanismus, der für die Landung des Autos zuständig war.

EIN NEUES MODELL MIT 24 FUNKTIONEN

Zu den Autos in Originalgröße und dem fliegenden Modell am Ende von Teil 1 kam noch ein weiteres Modell im Maßstab 1:5. Diese bis ins kleinste Detail exakte Reproduktion verfügte auch über Puppen der beiden Insassen. Die Arbeiten wurden in den ILM-Studios von George Lucas realisiert. Steve Gawley baute das Modell und sorgte dafür, dass es beeindruckende 24

Funktionen erledigen konnte. Es hatte einen eigenen, elektronischen Schaltkreis, der sowohl den Flux-Kompensator aktiviert als auch die Anzeigen des Zeitdisplays, die Hecklichter und die Neonspulen. Innerhalb des Automodells befanden sich drei sehr kleine Ventilatoren, die für kühle Temperaturen sorgten und Stangen, die den Wagen in verschiedene Positionen bringen, um ihn aus verschiedenen Blickwinkeln aufnehmen zu können. Gawley bezeichnet es als »größten Erfolg, wenn ein Modell vom Original nicht zu unterscheiden ist.« Sowohl er als auch Ken Ralston, Michael Lantieri und John Bell wurden für ihre Arbeit für einen Oscar in der Rubrik »Beste Spezialeffekte« nominiert.

Es ist nicht überraschend, dass Michael J. Fox bei der ersten Vorführung des Films völlig begeistert war: »Ich war wie weggeblasen von den fliegenden Autos, den Straßenverkehrszeichen am Sky Way und speziell auch von den kleinen Dingen wie Reflexionen von Lichtern in den Autos, die man vielleicht gar nicht vermissen würde, wenn sie nicht da wären.« Dazu tragen sicher auch die detailgetreuen Räder bei, an denen sich keine Gummireifen befinden. Die Räder sind aus Aluminium, denn die Lichter darinnen, die den Schub des Wagens simulieren, gaben zu viel Hitze ab. Gummi wäre geschmolzen. Da die F/X-Crew zusätzlich zu dem aufwändigen DeLorean Modell auch noch Miniaturausgaben des Polizeiautos, des Motorrads, des Taxis sowie eine Reihe von futuristischen Prototypen baute, ist die Illusion perfekt. Alle Modelle wurden vom Computer so programmiert, dass sie in eine bestimmte Richtung unterwegs sind, während die Kamera sich in die Gegenrichtung bewegt. So entsteht der Eindruck des »Fliegens«.

»DIESE ZEITREISEN SIND EINFACH ZU GEFÄHRLICH«

Es ist schon erstaunlich, dass am Ende alles wie aus einem Guss wirkt, denn als die Dreharbeiten im November 1988 begannen, war das Drehbuch noch nicht fertig. Das lag auch daran, dass man mit Universal Pictures übereingekommen war, nicht nur einen zweiten, sondern im Anschluss auch noch einen dritten Film zu drehen. Beide sollten im Jahresabstand in die Kinos kommen. Eine Mammutaufgabe. Gedreht wurde vom 20. Februar bis zum 2. August 1989 wiederum in Kalifornien und den Universal Studios in Los Angeles. Der Platz vor dem Gerichtsgebäude wurde der »Zukunft« angepasst. Mitte Juni und in der ersten Juliwoche wurde dort der DeLorean aus Fiberglas per Gabelstapler auf die Straße gelassen und »landete« so. Außerdem wurde der Markplatz mit Inside-Gags wie der Kinovorschau auf »Jaws 19« von »Max Spielberg« angereichert. Als Drehort für den fiktiven Ort Hilldale diente das Städtchen El Monte in Kalifornien westlich von LA. Vom 10. bis zum 14. April stand / fuhr / flog dort der DeLorean, denn in dem Ort lebt Martys Familie. Vom 10. bis zum 21. Juli 1989 schlossen sich noch Aufnahmen mit den

Akteuren im Inneren des Wagens an, die in den Studios realisiert wurden. Da ein dritter Teil fest verabredet war, drehte das Team auch schon einige Szenen dafür, um die als Teaser am Ende des zweiten Teils zu zeigen. Daraus ging hervor, dass es in Zukunft nicht ins alte Rom gehen würde, sondern in den wilden Westen. »Diese Zeitreisen sind einfach zu gefährlich«, sagt Doc Brown nicht zufällig dazu an einer Stelle. Der Satz deutet schon an, dass es mit der Zeitmaschine nicht gut ausgehen könnte.

»ICH WÜNSCHTE, ICH HÄTTE DIESE TEUFLISCHE ZEITMASCHINE NIE ERFUNDEN« – »ZURÜCK IN DIE ZUKUNFT III« (1989)

Als der zweite Teil am 20. November im Cineplex Odeon Kino in Century City, LA seine Weltpremiere feierte, hatten die Aufnahmen für die Fortsetzung bereits begonnen. Vier Tage zuvor sorgte die Technik-Crew dafür, dass ein stark veränderter DeLorean im »Wilden Westen« auf Schienen platziert wurde. Im Jahr

Im dritten Teil geht es in den Wilden Westen des Jahres 1885.

1885 war das futuristische Gefährt sicher extrem ungewöhnlich. Damals bewegte man sich mit der Eisenbahn – und die sollte, ebenso wie eine Reise in die Vergangenheit, eine wichtige Rolle spielen.

Der Film handelt davon, dass Marty und der Doc in das Jahr 1885 reisen und dort erfahren, dass der Erfinder erschossen wird. Das wollen die beiden Helden natürlich verhindern. Dadurch dass große Teile in »holprigen« Gelände stattfanden, kamen komplett umgebaute DeLoreans zum Einsatz – darunter nur einer, der schon im ersten Teil dabei war.

»ES GEHT LOS, FURY«

Als Drehorte fungierte etwa das Monument Valley, was zunächst Gespräche mit dem Stamm der Navajos erforderte. An dem Ort, an dem viele klassische Western gedreht worden waren, entstanden Teile eines Autokinos. Da die Zeitleitung etwas abbekommen hat, repariert der Doc den Wagen und verbaut eine zusätzliche Box auf der Fronthaube. Dann animiert er Marty kräftig Gas zu geben und auf die Leinwand des Kinos zuzurasen. »Es geht los, Fury«, sagt er voller Optimismus zu seinem Gefährt und ist schockiert, als ihm plötzlich eine Horde von Indianern entgegenkommt.

Als das Team am 27. November anfing, dort zu drehen, wurde es von sensationellen Nachrichten überrascht. Der Vorgängerfilm hatte an den Kinokassen bereits 40 Millionen Dollar eingespielt. Zu weiteren Locations zählten der Ort Jamestown, der Hill Valley doubelt, die Red Hills Ranch in Sonora sowie der Oak Park im Ventura County, rund 45 Kilometer nordwestlich der Universal Studios. Dort entstanden Szenen in einer Mine. Am 16. November 1989 versah tatsächlich ein DeLorean seinen Dienst auf Schienen. Er erhielt die Bezeichnung »Oxnard Car« – benannt nach dem Küstenort Oxnard, der etwa 100 Kilometer westlich von Los Angeles im Ventura County liegt. Teil der Story war, dass er von einer Eisenbahn geschoben wurde, um auf 88 mph zu kommen und die Zeitreise zurück in das Jahr 1985 antreten zu können. Michael Lantieri präparierte den Zweisitzer.

Für andere Aufnahmen auf offenem Gelände wurden zwei Fahrzeuge umgebaut. Bei ihnen wurde das Chassis von der Karosserie getrennt und mit einer neuen Aufhängung versehen. Ein getunter VW-Boxermotor sorgte, auch dank eines anderen Getriebes in Transaxle-Bauweise, für kräftigen Vortrieb. Die Wagen verfügten über einen Überrollbügel und einen Gitterrohrrahmen, der bis in das Interieur hineinragte und bessere Stoßdämpfer. Optisch unterscheiden sich die beiden Wagen, die nicht auf den Schienen fuhren, durch Weißwandreifen mit mehr Luftdruck sowie rote Tiefbettfelgen.

Im Verlauf der Handlung wird der DeLorean beschädigt und in einer Mine versteckt. »Bei der Ankunft wurde die Benzinleitung zerfetzt«, sagt Marty zum

Am Ende kommt der DeLorean wieder in der Gegenwart an.

Doc. »Wir müssen sie flicken und etwas Benzin besorgen.« Das bringt selbstverständlich Probleme mit sich, denn Tankstellen gab es damals noch nicht. Die Mine wurden in den Studios gebaut. Zwischen dem 4. und dem 8. Dezember liefen dort die Kameras. Ein DeLorean diente auch als Fahrzeug der Filmcrew inklusive Kameramann Dean Cundey.

Während sich der Doc in die charmante Lehrerin Clara (Mary Steenburgen) verliebt, ist er doch unzufrieden, was seine eigene Erfindung angeht. »Ich wünschte, ich hätte diese teuflische Zeitmaschine nie erfunden«, sagt er an einer Stelle der Verwicklungen und permanenten Zeitreisen in die Jahre 1885, 1955 und 1985.

»WIR WERDEN DIESE HÖLLISCHE MASCHINE ZERSTÖREN«

Es klingt wie ein ausgeklügelter Plan, dass der Doc mit dem DeLorean nichts mehr zu tun haben will. »Sobald wir nach 1985 zurückgekehrt sind, werden wir diese höllische Maschine zerstören«, sagt er nach einer Stunde, aber dazu kommt es erst kurz vor dem Ende. Tatsächlich geschieht das an der Kreuzung South

Ventura Road und Shoreview Drive in Oxnard. Dank der ihn anschiebenden Lokomotive ist es Marty gelungen in das Jahr 1985 zurückzureisen. Langsam rollt er auf den Gleisen in die Stadt, bleibt aber an einem Bahnübergang stehen. Dort rast ein Zug in den DeLorean, der wird fast völlig zerstört. Dieser Crash sollte spektakulär aussehen und wurde detailliert geplant. Nachdem sich Produzent Bob Gale und F/X-Techniker Michael Lantieri eine Reihe von Kollisionen in anderen Filmen angesehen hatten, entschieden sie sich dafür, ein großes Feuerwerk zu inszenieren. Dafür wurde die äußere Hülle eines Stunt-Wagens auseinandergeschnitten. »Ich verschnürte ihn mit Seilen und Zündstoff, und dann wurde er mit explosiven Schnüren zusammengefügt«, so Lantieri. »Wenn der Zug auf ihn trifft, musste der Zeitpunkt genau stimmen, in dem er den Wagen berührt. Ich drückte auf einen Knopf und jagte die Seile in die Luft. Auf diese Art und Weise flogen sie überall umher.« Charlie Croughwell, das Double von Michael J. Fox, übernahm die gefährliche Aufgabe rechtzeitig wegzurennen – das gelang wie geplant. Am 12. Januar 1990 waren die Dreharbeiten

abgeschlossen, sodass die Nachproduktion beginnen und die technischen Effekte integriert werden konnten. Das Budget hatte exakt 40 Millionen Dollar betragen, genau so viel wie beim vorherigen Teil auch. Knapp vier Monate später, am 21. Mai, wurde die Weltpremiere im Universal City Cineplex Odeon Theatre begangen. Damit hatten die geplanten Fortsetzungen 200 Drehtage und elf Monate Arbeit verschlungen.

Auch wenn es immer wieder Spekulationen gab, einen vierten Teil der Reihe wird es definitiv nicht geben. Die Rechte liegen bei Robert Zemeckis und Bob Gale und eben nicht bei Universal Pictures. Die beiden Männer haben in Interviews immer wieder klargestellt, dass sie zeit ihres Lebens keine Zustimmung dazu geben werden.

THEMENPARKS, VIDEOSPIEL, MUSICALS

Da Universal aber das Franchise nicht aufgeben wollte, überlegte man, wie man aus der andauernden Popularität von Filmreihe und Zeitmaschine weiterhin Kapital schlagen könne. Schon in den Jahren 1986/87 gab es Überlegungen, einen sogenannten »DeLorean Ride«,

Die Dreharbeiten fanden zu großen Teilen im Monument Valley in Arizona statt.

Stilecht im Westernoutfit – und Marty nennt sich auch noch Clint Eastwood.

eine Art von Achterbahn, in die Universal Studios Tour zu integrieren. Da aber Bob Gale mit der geplanten Umsetzung nicht zufrieden war, kam es erst im Frühjahr 1991 zu einer Eröffnung. Nach einem ersten sogenannten »Soft Opening«, erfolgte die offizielle Premiere mit einem achtsitzigen DeLorean erst am 2. Mai 1991 in Orlando, Florida. Hollywood folgte erst zwei Jahre später am 12. Juni 1993. Dazu kamen über 100 DeLorean-Besitzer mit ihren Autos. Im März 2001 kam ein »Back to the Future Ride« im japanischen Osaka hinzu. Alle diese Fahrgeschäfte sind inzwischen geschlossen.

Aber immerhin wurde der umgebaute DeLorean von einem seiner größten Fans in noch einem Spielfilm eingesetzt und hatte darin auch noch wichtige Funktionen. Steven Spielberg setzte dem Wagen in dem Science-Fiction-Abenteuer »Ready Player One« (2018) ein Denkmal. Der mit dem Kennzeichen PARZIVAL ausgestattete und komplett digital animierte Wagen liefert sich ein Rennen mit einer Motorradfahrerin, kann sich während der Fahrt tiefer legen, die Reifen einklappen und so unter einem Stahlträger durchrutschen. Er flitzt unter einem Dinosaurier durch, vor King Kong weg und fährt eine Zeitlang rückwärts – auch mit geöffneter Flügeltür. Generell rast und springt er in den knapp sechs Minuten Leinwandpräsenz und fliegt nicht. Spielberg verewigte auch noch ein weiteres Detail in dem Wagen:. Der Wagen verfügt über eine Lichtleiste – so wie »K.I.T.T.« in der TV-Serie »Knight Rider«. Zerstört wurde der DeLorean in Spielbergs Film auch. Wiederum eine Hommage an die Filmreihe. Auch das geschah via CGI. So günstig wie Mitte der 80er-Jahre wären die DeLoreans auch nicht mehr zu bekommen gewesen.

DIE LETZTEN REISEN: VERREIST – VERSCHWUNDEN – VERNICHTET

Nicht nur die drei Filme, sondern auch die verwendeten Fahrzeuge erreichten schnell Kultstatus. Das führte auch dazu, dass Firmen hofften, davon zu profitieren zu können. So bot etwa Autohersteller Ford parallel zum Kinostart von Teil 2 einen blinkenden Flux-Kompensator als einbaubares Ersatzteil an. Es gab aber auch eine Reihe von Begehrlichkeiten in Bezug auf die Autos. Nicht immer ging es für die gut aus und manche Spur der flachen Flundern verliert sich im Verlauf der letzten 40 Jahre komplett. So lässt sich nur ansatzweise versuchen, mit tatkräftiger Unterstützung des DeLorean-Spezialisten Christian Kuik, etwas Licht in das Dunkel zu bringen.

Der A-Car (VIN #5261) wurde in den Jahren 2010 bis 2012 von Joe Walser restauriert. Er steht derzeit im Petersen Automotive Museum in Los Angeles. Walser brachte zusammen mit dem Produzenten auch »Doc Brown's Owners' Workshop Manual« in Buchform heraus und illustrierte es. Außerdem verantwortete er zahlreiche lizenzierte Merchandisingprodukte rund um das Auto und organisierte das DeLorean-Treffen zum 30. Jubiläum des Films 2015 in LA.

Der B-Car (VIN #4775) wurde von Jay Ohrbergs Firma »Star Cars« genutzt, um mit Hilfe einiger Teile davon weitere Autos für PR-Zwecke zu bauen. Ohrberg besitzt auch Repliken des »Ectomobile« aus »Ghostbusters«, von »Chitty Chitty Bang Bang« und aus »Ein toller Käfer«. Von 1995 bis 2010 hing der Wagen unter der Decke des Planet-Hollywood-Restaurants in Honolulu auf Hawaii – und zwar kopfüber. Auf der Fronthaube trug er den Koffer des Wagens, der in der Wüste unterwegs war (VIN #4689). Nach der Restaurant-Visite wurde er in den Studios aufbewahrt und am 25. September 2019 gemeinsam mit der auf der Fronthaube platzierten Holzbox vom Auktionshaus Heritage Auctions versteigert. Dazu zählten auch die aus Stahl angefertigten schwarzen Eisenbahnräder, damit das Objekt auf die Gleise passte. Lot #1623 erzielte 100.000 Dollar. Das Ensemble befindet sich inzwischen im Privatbesitz von Bill und Patrick Shea in Hubbardston in Michigan, knapp 100 Kilometer westlich von Boston. Die beiden Sammler (Vater und Sohn) haben die größte Kollektion an Requisiten und Fahrzeugen der Filmreihe, betreiben die aufwändig gemachte Webseite www.88mphtimemachine.com und bieten zwischen 90- und 120-minütige Touren durch ihre fünf Scheunen an. Der Eintritt wird der »Michael J. Fox Foundation for Parkinson Research« gespendet.

Der C-Car (VIN # nicht bekannt), tatsächlich kein ganzes Auto, sondern nur der vordere Teil, weil man das Heck nicht verwendete, wurde nach den Aufnahmen von Tom Talmon in

Doc Brown erklärt an einem Modell wie der DeLorean dank einer Lok in die Gegenwart zurückkommt.

den Universal Studios zu einem kompletten Wagen vervollständigt und im Themenpark in Japan ausgestellt. Er befindet sich auch in der Sammlung Shea.

Das Fiberglas-Auto aus Teil II (vermutlich keine VIN #) war 2002 knapp zehn Sekunden in der Komödie »Lügen haben kurze Beine« zu sehen. Darin liegt die von Amanda Bynes gespielte Kaylee kurz auf der Haube und Windschutzscheibe des Wagens, der in einem Lager mit Filmrequisiten steht. Nach verschiedenen Quellen wurde der Fiberglas-Wagen irgendwann danach vernichtet. Das Sammlerpärchen Shea verfügt über einen Nachbau.

Der Wagen 1 aus Teil III (VIN # nicht bekannt) wurde zwar nicht komplett, aber mit einigen Teilen aus dem Originalwagen versehen und dank der Restaurierung von Tom Talman auch im Themenpark in Japan ausgestellt. Der spätere Aufenthaltsort des Wagens ist unbekannt.

Der Wagen 2 aus Teil III (VIN #4689) mit erhöhter Karosserie und Weißwandreifen stand zunächst elf Jahre lang auf dem Gelände der Universal Studios, was ihm nicht guttat und zu einer Reihe von technischen Ausfällen führte. Der optische Zustand war eine Katastrophe. Er sollte dann im Petersen Automotive Museum in LA ausgestellt werden. Dafür wurde er durch den Tuner George Barris präpariert, der jedoch optische Veränderungen wie etwa weiß leuchtende Lichtleisten am Heck verwendete, was Museumsmachern und Fans sauer aufstieß. So nahmen sich ab 2003 Jeff Castillo und Desi DosSantos dem Wagen an und restaurierten ihn von Grund auf. 2010 war er fertiggestellt und wurde den Besuchern präsentiert. Später stand er eine Zeitlang im »Hollywood Museum« am Hollywood Boulevard. Auch dieser Wagen ist inzwischen in der Shea Kollektion. Sie zahlten dafür 2011 die immense Summe von 440.000 Dollar.

Der Wagen auf den Gleisen (VIN# 6475), der in Oxnard zum Einsatz kam, wurde vor der Zerstörung durch den Zug vom B-Car ersetzt (VIN# 4775). Nach den Dreharbeiten wurde #6475 zunächst in den Universal Studios ausgestellt, zwischenzeitlich ab 2005 zu PR-Zwecken in New York gezeigt. 2007 erschien er im Themenpark in Orlando und wurde ab 2012 dort eingelagert. In dem Jahr ersetzte eine Replik das Fahrzeug, das zuvor in den Studios stand.
Was aus den angeblich zusätzlich für Teil 2 gekauften Wagen / Zeitmaschinen wurde, und ob diese überhaupt tatsächlich existierten, ist weiterhin fraglich. Vielleicht wurden sie vernichtet. Was sagt doch Marty so treffend kurz vor dem Ende des dritten Teils: »Da haben sie es Doc. Sie ist zerstört. Genau wie sie es wollten.«

KAPITEL 11

»ICH LIEBTE MEINE AUTOS«

Michael J. Fox fuhr gerne schnell – besonders in seinem Ferrari Mondial Cabrio.

»ICH LIEBTE MEINE AUTOS« – MICHAEL J. FOX UND SEINE AUTOS

»Ende 1986 ähnelte die Auffahrt zu meinem Haus im Laurel Canyon einem Verkaufsgelände für Luxusautos. Ich besaß einen Ferrari, einen Range Rover, ein Mercedes-Coupé 560 SL, einen Jeep Cherokee und einen Nissan 300ZX.« Das schreibt Michael J. Fox, der eigentlich Michael Andrew Fox heißt, in seiner 2002 erschienenen Autobiografie »Lucky Man: A Memoir«, die bei uns den Titel »Comeback« trägt. Seine Fahrzeugkollektion kam zustande, weil ihm sowohl die erfolgreiche TV-Serie »Familienbande« als auch der erste Spielfilm der dreiteiligen Kino-Serie »Zurück in die Zukunft« hohe Gagen einbrachten. Der erste Film kam am 3. Juli 1985 in die US-Kinos und lief bei uns exakt drei Monate später an.

Der am 9. Juli 1961 im kanadischen Edmonton geborene Schauspieler bekam kurz nach seinem 11. Geburtstag von seinen Eltern ein Fahrrad, das er sehr mochte. Es hatte einen »glänzenden Bananensattel mit hoch geschwungener

Lenkstange«. Probleme mit dem Verkehr sind nicht überliefert, aber in seinem automobilen Leben ist er nicht gerade ein verantwortungsvoller Fahrer gewesen. Er gab sogar zu, nach der Führerscheinprüfung, bei der er zweimal durchfiel, »mehrere Stoßstangen der Autos seiner Eltern verbeult und Rücklichter demoliert zu haben.« Für seine Probleme mit den Prüfungen macht er seine geringe Körpergröße von 1,63 Meter verantwortlich: »Sobald man ein Telefonbuch auf den Fahrersitz legt, kreuzen sie automatisch das Kästchen ‚Nicht bestanden' an.« Immerhin brachte ihm das ehrliche Eingeständnis seiner missglückten Fahrprüfung einen Bonus bei einem Casting für die kanadische Sitcom »Leo & Me« ein. Der damals 16-Jährige bekam die Rolle, in der er ab 1978 in drei Episoden zu sehen war. Am 9. Juli 1979, exakt an seinem 18. Geburtstag, fuhr ihn sein Vater William zu Casting Terminen nach Los Angeles, weil er sich dort um Rollen bemühte. Eine Zeitlang nutzte Michael J. Fox den Bus, fuhr darin den Sunset Boulevard

Nur 1,63 Meter groß, aber weltweit geliebt: Michael J. Fox, hier in seiner Rolle als Doc Hollywood.

entlang, um damit zu den Paramount Studios zu kommen. Schließlich zog er endgültig nach Kalifornien, fuhr dort zunächst einen gebrauchten Pickup und danach einen ebenfalls gebrauchten 1977er Dodge Aspen.

»EIN HOCHBEZAHLTER PARKPLATZ-ANGESTELLTER«

Die ersten Jahre als Schauspieler waren hart für ihn, doch dank des Erfolgs der TV-Serie »Familienbande«, die ab dem 22. September 1982 ausgestrahlt wurde und bis 1989 lief, leistete sich Fox einen neuen Nissan 300ZX. Als er während der Dreharbeiten zu dem Film »Teen Wolf« das Angebot erhielt, die Hauptrolle in »Zurück in die Zukunft« zu spielen, aber noch für die TV-Serie unter Vertrag stand, leistete er Doppelschichten. Er drehte tagsüber die Sitcom und nachts für den Spielfilm. Dafür wurde er jeweils von einem Fahrer in einer Limousine von Set zu Set gebracht und danach zu seinem Dreizimmer-Bungalow im Laurel Canyon, den er sich von den Gagen gekauft hatte. Der plötzliche Erfolg brachte eine Reihe von Privilegien mit sich. Als er in einer Talkshow seine bevorzugte Biermarke nennt, steht kurz danach ein beladener Laster des Herstellers vor seiner Tür und beliefert ihn – kostenlos. Nicht anders war es mit seinen Pkw: »Ich liebte meine Autos, doch nachdem ich morgens eins für die Fahrt zur Arbeit ausgewählt hatte, bereitete es mir einige Mühe, es aus dem Wagenpark herauszuholen«, so Fox. »Ich kam mir vor, wie ein hochbezahlter Parkplatz-Angestellter.« Hinzu kam, dass ihm die steigende Prominenz, er bekam zum Teil 21.000 Fan-Briefe pro Woche, so viele Vorteile verschaffte, dass diese ihm selbst Angst einjagten. Beamte der

Kraftfahrzeugbehörde und Polizisten drückten plötzlich beide Augen zu. »Ich setzte mein Leben auf der Überholspur sprichwörtlich in die reale Praxis um und fühlte mich rasch frustriert, wenn mich langsamere Autos nicht vorbeilassen wollten«, erklärte er mal in Bezug auf eine Fahrt im Nissan 300ZX, die sein Bruder Steve und er von Los Angeles nach Vancouver nonstop in 24 Stunden absolvieren wollten. Dabei benutzte er auch gerne seine Lichthupe – und fuhr bis zu 145 km/h. Um nicht erwischt zu werden, hatte er extra einen Radardetektor unter dem Armaturenbrett anbringen lassen. Auch mit seiner weiteren vierrädrigen Anschaffung, einem Ferrari Mondial Cabrio, fuhr er gerne (zu) schnell und unvorsichtig. »Ich liebe diesen Ferrari«, so Fox. »Für mich ist es ein Kunstwerk, eine Errungenschaft. Am Tag nachdem ich ihn bekommen hatte, lud ich zwei Freunde ein und zeigte ihnen, wie schnell man damit fahren kann. Ich fuhr über etwas auf der Straße, zerstörte die Ölwanne und konnte vier Wochen nicht damit fahren. Bin ich nicht sehr beeindruckend?«

Einmal raste er an einem frühen Nachmittag in seinem schwarzen Ferrari Mondial Cabrio den Ventura Boulevard in Los Angeles zu einem Castingtermin entlang, und das, weil ihm »italienische Automobiltechnik im Wert von 100.000 Dollar zur Verfügung stand, verdammt schnell.«

Fox raste mit Lichthupe im Nissan 300 ZX durch den Verkehr in LA.

Ein Unfall mit seinem Porsche 356 verschlägt »Doc Hollywood« unversehens in die Provinz.

Es sollen etwa 130 km/h gewesen sein, als ihn die Polizei anhielt. »Haben Sie überhaupt einen Führerschein?«, fragte der Polizist. Als er den dann sah, sagte er: »Miiike. Du musst vorsichtig sein, Kumpel. Das ist doch ein großes, schweres Auto, und wir möchten auf keinen Fall, dass du dich verletzt. Meine Frau und ich möchten dich weiterhin in ‚Familienbande' sehen. Eine wunderbare Serie«. Mit den Worten »Einen schönen Tag noch«, verabschiedete sich der Polizist. Einen Strafzettel bekam Fox dieses Mal nicht, aber das war nicht immer der Fall. Zum Teil sammelten sich sogar bei ihm die Strafmandate. Dennoch »liebte« er seine Autos. Seinen rasanten Aufstieg beschrieb er im »Rolling Stone«-Magazin so: »Mit 21 verdiente ich pro Woche sechsstellig. Mit 23 hatte ich einen Ferrari. Es war verrückt.«

Später kam noch ein weiterer roter Ferrari Mondial dazu sowie ein schwarzer Porsche 928. In den Jahren 1981 und 1982 mietete er einen Porsche von seinem Steuerberater, doch welches Modell das war, wurde nicht bekannt. Seinem Vater beschenkte er mit einem Chrysler. Im November 1990 spürte er bei den Dreharbeiten zu dem Film »Doc Hollywood« in Gainesville, Florida erstmals ein Zittern. »Als ich erwachte, entdeckte ich die Botschaft in meiner linken Hand«, beschrieb er die Erfahrung später. »Ich hielt überhaupt nichts in der Hand, das Zittern war die Botschaft.« Erst durch ein Interview, das in der Ausgabe des »People«-Magazins vom 7. Dezember 1998 erschien, und in einem TV-Interview mit Barbara Walters machte er öffentlich, dass er an Parkinson leidet. Ende 2020 beendete er seine Schauspielkarriere. Die geliebten Autos hat er verkauft.

12. DEMNÄCHST IN DIESEM THEATER: EINE VORSCHAU AUF WEITERE BÄNDE (IN ALPHABETISCHER REIHENFOLGE)

Autodiebe
Auto-Komödien
Die Autos von »Le Mans« (1971)
Autotüftler, Konstrukteure und Erfinder
Die »Batman« – Filmreihe und das »Batmobile« (1943 – 2026)
Die besten Verfolgungsjagden aller Zeiten
Deutsche Autofilme
Die »Dudu«-Reihe (1971 – 1978)
Die »Ein ausgekochtes Schlitzohr« – Reihe (1977 – 1983)
Ein Mann und sein Auto / Eine Frau und ihr Auto / Frauen am Steuer
Die »Jerry Cotton« Reihe und Jerrys roter Jaguar E (1965 – 2010)
Die »Mad Max« – Reihe (1979 – 2024)
Mörderische Karren / Horror-Kisten / Autos als Waffen
Rennfahrerfilme
Stars und ihre Autos: Nicolas Cage, Tom Cruise, Clint Eastwood,
Steve McQueen, Peter Sellers, Sir Peter Ustinov
Stuntwomen + Stuntmen
Die »Transformers« – Reihe (2007 – 2023)

13. WER SPIELTE WEN? - DIE FAHRZEUGE UND IHRE DOUBLES

Das eine Filmauto pro Film gibt es (fast) nie. Filmproduktionen kaufen so gut wie immer mehrere Fahrzeuge an, oder lassen sie herstellen, um sie für verschiedene Aufnahmen einzusetzen. So gibt es zumeist das sogenannte »Hero Car« – für die Stars und Außenaufnahmen des Wagens. Dann einen oder mehrere Wagen für die Innenaufnahmen der Akteure im Fahrzeug – oder auch nur Teile dieses Wagens, wenn der Rest des Wagens nicht zu sehen sein muss. Häufig genug wird dafür das Dach aufgeschnitten / vergrößert. Für Fahrszenen werden die Wagen sehr häufig auf Transporter gestellt und / oder gezogen. Außerdem gibt es so gut wie immer Fahrzeuge für die verschiedenen Stunts, die z.B. mit besseren Stoßdämpfern, Überrollkäfigen und / oder Verstärkungen aller Art ausgerüstet werden, um der Stuntfahrerin oder dem Stuntfahrer mehr Sicherheit zu bieten.
Da es also fast immer der Fall, dass ein Fahrzeug von mehreren Fahrzeugen »gespielt« wird. Im Folgenden eine Statistik der Fahrzeug-Doubles:

Tschitti Tschitti Bäng Bäng, 1969	Eigenkonstruktionen: 8 Fahrzeuge, zwei Modelle
Ghostbusters, 1984	59er Cadillac Miller-Meteor: 1
Ghostbusters 2, 1989	59er Cadillac Miller-Meteor: 2
Ghostbusters, 2016	84er Cadillac Fleetwood Leichenwagen: 2
Ghostbusters – Legacy, 2021	59er Cadillac Miller-Meteor: 2,5
Ghostbusters – Frozen Empire, 2024	59er Cadillac Miller-Meteor: 2
Zurück in die Zukunft, 1985	DeLorean DMC-12: 3
Zurück in die Zukunft II, 1989	DeLorean DMC-12: 2 + ein Modell 1:5
Zurück in die Zukunft III, 1990	DeLorean DMC-12: 3
Rush, 2023	McLaren M23D: 2 Repliken Ferrari 312T/312TS: 3 Repliken
F1, 2025	Mehrere Formel-2-Autos als Double für Formel-1-Autos

14. BIBLIOGRAFIE
ABGEFAHREN – ABGEHOBEN – ABGETAUCHT

Annakin, Ken: So You Wanna Be A Director? Sheffield, 2001; Barris, George, Dave / Fetherston, David: Barris TV & Movie Cars. Osceola, 1996; Buckley, Martin: Stars, Cars & Infamy. 100 stories of the bad, the daft and the deadly. St. Paul, 2003
Braunstein, Jacques: Stars & Cars. Mythical Pairings. Paris, 2016; Coburn, Robyn L.: Dervish Dust: The Life and Words of James Coburn. Williamsport, 2021; Garner, James / Winokur, Jon: The Garner Files: A Memoir. New York, 2012
Heinzlmeier, Adolf / Menningen, Jürgen / Schulz, Berndt: Road Movies. Action-Kino der Maschinen und Motoren. Hamburg, 1985; Klastorin, Michael / Hibbin, Sally: Back to the Future. The Official Book of the Complete Movie Trilogy. London, 1990; Klastorin, Michael / Atamaniuk, Randall: Back to the Future. The Ultimate Visual History. New York, 2015
Krause, William: Hollywood TV and Movie Cars. St. Paul, 2001; Mann, Dave / Main, Ron: Races, Chases & Crashes. Osceola, 1994; Schäfer, Michael: Zu früh für die Zukunft: Das DeLorean Drama. Bielefeld 2011; Stone, Matt: James Garner´s Motoring Life. Forest Lake, 2014; Stone, Matt: My First Car. Minneapolis, 2011; Veysey, Paul: Motor Movies: The Posters. Tibberton, 2007; Wallace, Daniel: Ghostbusters. The Ultimate Visual History. London, 2015

15. DANKSAGUNG

Der Autor dankt:
Robyn L. Coburn, Gigi Garner, Cecilia, Thomas und Emily Int-Veen, Christian Kuik und Adrian Roth vom DeLorean Club Deutschland und erneut der wunderbaren Barbara Schmidt für die unermessliche Hilfe in jeder Hinsicht.

Mehr über den Autor unter:
www.siegfriedtesche.de und
www.bondausstellung.de

16. BILDNACHWEISE

Alan Band/Getty Images (99); Alan Band/Keystone Features/Getty Images (100); Archiv der mps (158); Barbara Schmidt (4); Beata Zawrzel/NurPhoto via Getty Images (19); Bettmann / Getty Images (51, 79); Bruce Glikas/FilmMagic/Getty Images (123); Camerique/Getty Images (54); Columbia Pictures/Archive Photos/Getty Images (132, 133); David Keeler/Getty Images (95); Disney General Entertainment Content via Getty Images (81, 94); Ferrari (58, 184); FilmPublicityArchive/United Archives via Getty Images (34, 35 (2), 39 (2), 96, 99, 102, 103); Ford (56); Gigi Garner (62, 63 (2)); Guy Marineau/Penske Media via Getty Images (11); Harry Benson/Daily Express/Hulton Archive/Getty Images (78); IMAGO / ABACAPRESS (24); IMAGO / Allstar (28, 52, 107, 128, 180); IMAGO / Avalon.red (27 (2)); IMAGO / Capital Pictures (134); IMAGO / EntertainmentPictures (168); IMAGO / Everett Collection (75, 153); IMAGO / Mary Evans (2, 12, 13); IMAGO / Ronald Grant (40, 47, 104, 134); IMAGO / ZUMA Press Wire (86); ISC Images & Archives via Getty Images (31, 32, 66); John Lawrence Atley/Fairfax Media via Getty Images (142); Keystone/Hulton Archive/Getty Images (9); LAT Images/Getty Images (116); LMPC via Getty Images (10, 34, 39, 88, 99, 105, 114); mauritius images / Alamy Stock Photos (80, 138, 149, 150, 151, 152, 154, 160, 162, 163, 170, 173); mauritius images / Atlaspix / Alamy / Alamy Stock Photos (6, 13, 14); mauritius images / Entertainment Pictures / Alamy / Alamy Stock Photos (20, 42, 46, 74, 165); mauritius images / FlixPix / Alamy / Alamy Stock Photos (16, 152, 166); mauritius images / Jonathan Stokes / Alamy / Alamy Stock Photos (93); mauritius images / Keystone Press / Alamy / Alamy Stock Photos (60); mauritius images / Moviestore Collection Ltd / Alamy / Alamy Stock Photos (9, 136, 143, 144, 145, 175, 176); mauritius images / Nick Harrison / Alamy / Alamy Stock Photos (18); mauritius images / Pictorial Press Ltd / Alamy / Alamy Stock Photos (17, 26, 44, 48, 140, 147, 156, 164, 185, 188); mauritius images / Roger Cracknell 01/classic / Alamy / Alamy Stock Photos (124); mauritius images / Stephen Sykes / Alamy / Alamy Stock Photos (127); mauritius images / United Archives GmbH / Alamy / Alamy Stock Photos (107, 115, 178); mauritius images / ZUMA Press, Inc. / Alamy / Alamy Stock Photos (45, 59); Metro-Goldwyn-Mayer/Getty Images (92); Movie Poster Image Art/Getty Images (112); National Motor Museum/Heritage Images/Getty Images (110, 118); NBCU Photo Bank/NBCUniversal via Getty Images via Getty Images (67, 68, 76); New World Pictures/Getty Images (36); Nissan (23, 186); Patrick PIEL/Gamma-Rapho via Getty Images (35); Paul Harris/Getty Images (91); picture alliance / Sammlung Richter (82); R.M. Lewis Jr./NBC/NBC NewsWire (64); Roy Rochlin/Getty Images (131); Silver Screen Collection/Getty Images (85, 108, 112, 120); Stellantis (57, 70, 73); Sutton Images/Getty Images (126); Topical Press Agency/Getty Images (111); Victor Crawshaw /Mirrorpix/Getty Images (113, 127); Vince Bucci/Getty Images for BMW (22); Vinnie Zuffante/Getty Images (182); Warner Brothers/Getty Images (38); Willi Ruge/ullstein bild via Getty Images (72).

TWENTY
YEARS OF
THE YOUNGTIMER
MAGAZINE
STILL DRIFTING
YOUNGTIMER
DIE KULTKLASSIKER DER 70ER, 80ER UND 90ER
SO GEHT SPORTWAGEN!
MITTELMOTOR-FAHRSPASS AB 3500 EURO
YOUNGTIMER
MAGAZINE
SINCE 2003
YOUNGTIMER feiert 20. Geburtstag – feiern Sie mit und sichern Sie sich jetzt das aktuelle Heft! Jetzt im Handel oder online unter: motor-klassik.de/youngtimer-20jahre